SIMPLES
MUDANÇA CLIMÁTICA

GLOBOLIVROS

DK LONDRES
Editor Sênior Miezan van Zyl
Designer Sênior Mik Gates
Editor de Projeto de Arte Jessica Tapolcai
Editor Michael Clark
Editor-Chefe Angeles Gavira
Editor de Arte-Chefe Michael Duffy
Editor de Produção Gillian Reid
Controlador de Produção Laura Andrews
Chefe de Desenvolvimento de Design de Capa Sophia M.T.T.
Design de Capa Akiko Kato
Diretor Editorial Associado Liz Wheeler
Diretor de Arte Karen Self
Diretor Editorial Jonathan Metcalf

GLOBOLIVROS
Editor responsável Lucas de Sena
Assistente editorial Renan Castro
Tradução Maíra Meier
Preparação Fernanda Marão
Diagramação Crayon Editorial
Revisão Carolina Oliveira
Revisão Técnica Leandro Gaffo

Publicado originalmente nos Estados Unidos em 2021 por Dorling Kindersley Limited, 80 Strand, London, WC2R 0RL.

Copyright © 2023, Dorling Kindersley Limited, parte da Penguin Random House
Copyright © 2023, Editora Globo S/A

Todos os direitos reservados. Nenhuma parte desta edição pode ser utilizada ou reproduzida – em qualquer meio ou forma, seja mecânico ou eletrônico, fotocópia, gravação etc. – nem apropriada ou estocada em sistema de banco de dados sem a expressa autorização da editora.

1ª edição, 2023.
Impresso na BMF em agosto de 2023.

CIP-BRASIL. CATALOGAÇÃO NA PUBLICAÇÃO
SINDICATO NACIONAL DOS EDITORES DE LIVROS, RJ

S621

Simples : mudança climática / Frans Berkhout ... [et al.] ; [tradução Maíra Meier]. - 1. ed. - Rio de Janeiro : Globo Livros, 2023.
160 p. (Simples)

Tradução de: Simply: climate change
Inclui índice
ISBN 978-65-5987-126-1

1. Mudanças climáticas. 2. Gases do efeito estufa. 3. Tecnologia verde. I. Berkhout, Frans. II. Meier, Maíra. III. Título. IV. Série.

23-84614   CDD: 363.73874
                           CDU: 504.7

Gabriela Faray Ferreira Lopes - Bibliotecária - CRB-7/6643

For the curious
www.dk.com

CONSULTOR
Professor Frans Berkhout é diretor-executivo da Faculdade de Ciências Sociais e Políticas Públicas e Professor das disciplinas de Meio Ambiente, Sociedade e Clima no King's College London.

COLABORADORES
Clive Gifford é escritor premiado da Royal Society e jornalista. Ele escreveu e colaborou em muitos livros de ciência popular e tecnologia.

Daniel Hooke estudou mudança climática na University College London, com interesse particular em modelos climáticos e climas do passado. Atuou como colaborador em vários livros sobre mudança climática para crianças e adultos.

Adam Levy é jornalista científico e tem um canal no YouTube sobre clima, além de pós-doutorado em física atmosférica pela University of Oxford.

SUMÁRIO

7 **INTRODUÇÃO**

O QUE É MUDANÇA CLIMÁTICA?

10 **TEMPO × CLIMA**
   Clima e tempo
12 **QUENTE DEMAIS PARA SUPORTAR**
   O efeito estufa
13 **ALGUMA COISA NO AR**
   Gases poluentes
14 **CADA VEZ MAIS QUENTE**
   O clima ao longo do tempo
15 **CLIMAS DISTORCIDOS**
   Ciclos naturais
16 **EQUILÍBRIO DELICADO**
   O sistema climático
17 **FORA DO AR**
   A atmosfera
18 **SEGUINDO O FLUXO**
   Correntes oceânicas
20 **FORA DE CONTROLE**
   Pontos críticos
21 **CÍRCULOS VICIOSOS**
   Ciclos de feedback
22 **REUNINDO INFORMAÇÕES**
   Coletando dados climáticos
23 **JANELAS PARA O PASSADO**
   Cilindros de gelo
24 **FAZENDO SIMULAÇÕES**
   Modelos climáticos

O QUE É CARBONO?

28 **LENHA NA FOGUEIRA**
   Combustíveis fósseis
30 **NADA DE NOVO SOB O SOL**
   O ciclo do carbono
31 **ACOMPANHANDO A ASCENSÃO**
   A Curva de Keeling
32 **UM SÓLIDO CONSENSO**
   As mudanças são provocadas pelos seres humanos?
33 **OLHE ONDE PISA**
   Pegadas de carbono
34 **QUER PAGAR QUANTO?**
   Orçamento de carbono
35 **UM GRAU DE PREOCUPAÇÃO**
   O limite de 2º
36 **PASSOS PARA AS EMISSÕES LÍQUIDAS ZERO**
   A meta de emissões líquidas zero

POPULAÇÃO

40 **COMO TUDO COMEÇOU**
   A Revolução Industrial
42 **O SINAL DO QUE ESTÁ POR VIR**
   Mudanças populacionais
43 **PROBLEMAS DE CRESCIMENTO**
   O advento das megacidades

44   **IDADE AVANÇADA**
     Expectativas mais altas de vida

COMIDA E RECURSOS

48   **O CUSTO DA COMIDA**
     Técnicas agrícolas intensivas
50   **O QUE VALE É CRESCER**
     O boom dos fertilizantes
51   **TOXINAS EM NOSSA CADEIA ALIMENTAR**
     O legado dos pesticidas
52   **CORTANDO AS DEFESAS**
     Desmatamento
53   **O MAR NÃO ESTÁ PARA PEIXE**
     A pesca excessiva
54   **TÁ TUDO DOMINADO**
     Espécies invasivas
56   **SEM NUTRIÇÃO**
     Alimentos desperdiçados
57   **PEGADA HÍDRICA**
     Consumo de água

O AUMENTO DO CONSUMO

60   **ENERGIA BARATA E POLUENTE**
     Energia da queima de carvão

62   **ESTRADA PARA A DESTRUIÇÃO**
     Ao volante
63   **EM PARAFUSO**
     Voando
64   **INDÚSTRIA PESADA**
     Emissões industriais
66   **MODA DESCARTÁVEL**
     Fast fashion
67   **UM MUNDO DE DESPERDÍCIOS**
     Montanhas de sobras

EFEITOS NA ATMOSFERA

70   **CALOR INSUPORTÁVEL**
     Um mundo mais quente
71   **NÓS SOMOS A CAUSA DA CRISE**
     Mudando nosso clima
72   **TUDO ESTÁ CONECTADO**
     Saúde climática
74   **MUDARAM AS ESTAÇÕES**
     Estações irregulares
75   **AUMENTANDO OS NÍVEIS DE INTENSIDADE**
     Clima extremo
76   **TEMPESTADES EXTREMAS**
     Tempestades tropicais
77   **BANHOS QUE MATAM**
     Chuva ácida
78   **LUZ EXCESSIVA**
     Poluição luminosa
80   **AR TÓXICO**
     Poluição do ar
81   **BURACO NO CÉU**
     A destruição da camada de ozônio

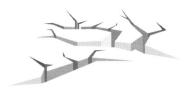

EFEITOS NA TERRA

84 **RISCO DE FOGO**
Incêndios

85 **AO PÓ VOLTAREMOS**
Seca e desertificação

86 **ENCARANDO A EXTINÇÃO**
Um declínio na biodiversidade

87 **NENHUM LUGAR PARA CHAMAR DE LAR**
Perda de hábitats

88 **GELO DERRETIDO**
Geleiras em retirada

89 **A GELEIRA DO FIM DO MUNDO**
Antártida

90 **PONTO DE FUSÃO**
Groenlândia

91 **VERÃO ÁRTICO**
A perda do gelo ártico marinho

92 **O GRANDE DEGELO**
O derretimento das calotas

EFEITOS NOS OCEANOS

96 **MARES REVOLTOS**
Aumento no nível do mar

97 **ILHAS SUBMERSAS**
O impacto do aumento dos níveis marítimos

98 **QUANDO TODO O GELO DERRETEU**
Os litorais do futuro

100 **MUDANÇA NOS MARES**
Oceanos mais quentes

101 **CALOR PERIGOSO**
Ondas de calor marítimas

102 **ECOSSISTEMA EM PERIGO DE EXTINÇÃO**
Oceanos à beira da morte

103 **ROLOU UMA QUÍMICA (RUIM)**
Acidificação oceânica

104 **RECIFES SOB AMEAÇA**
Branqueamento de corais

105 **SOPA DE PLÁSTICO**
Poluição plástica

CUSTO HUMANO

108 **O GOLPE MAIS DURO**
Desigualdades climáticas

109 **DESLOCADOS POR DESASTRES**
Migrantes climáticos

110 **ALASTRAMENTO DE DOENÇAS**
Doenças contagiosas

111 **MESA FARTA (SÓ QUE NÃO)**
Má nutrição

112 **A LUTA POR COMIDA**
Segurança alimentar

113 **UM MUNDO COM SEDE**
Escassez de água potável

SOLUÇÕES EM LARGA ESCALA

- 116 **A UNIÃO FAZ A FORÇA**
  Acordos climáticos
- 117 **EQUILIBRANDO OS LADOS DA BALANÇA**
  Justiça climática
- 118 **CRESCIMENTO DE BAIXO CARBONO**
  Separando economia e emissões
- 119 **ARMAZENAMENTO PROFUNDO**
  Captura de carbono
- 120 **DEFININDO LIMITES SEGUROS**
  A estrutura dos Limites Planetárias
- 122 **FECHANDO O CICLO**
  Economias circulares
- 124 **LIMPANDO NOSSAS TECNOLOGIAS**
  O advento da tecnologia limpa
- 126 **DESIGN ECOLÓGICO**
  Mais eficiência
- 128 **UMA NOVA ONDA DE INOVAÇÃO**
  Revolução renovável
- 129 **ENERGIA VERDE DO SOL**
  Energia solar
- 130 **FISSÃO NUCLEAR**
  Energia nuclear
- 131 **NO SUBSOLO**
  Energia geotérmica
- 132 **A ENERGIA ESTÁ NO AR**
  Energia eólica
- 133 **ÁGUA EM QUEDA LIVRE**
  Represas hidrelétricas
- 134 **ENERGIA DO MAR**
  O poder das ondas
- 135 **ALTOS E BAIXOS**
  A energia das marés
- 136 **EM SE PLANTANDO, TUDO DÁ**
  Reflorestamento e arborização
- 137 **NUTRIR A NATUREZA**
  Recuperar a natureza
- 138 **ENFRENTANDO O AUMENTO**
  Adaptando-se ao aumento dos níveis marítimos
- 139 **ANTES DA TEMPESTADE**
  Preparando-se para as tempestades tropicais
- 140 **COMBATE ÀS CHAMAS**
  Enfrentando incêndios

MUDANÇA EM ESCALA PESSOAL

- 144 **MUDANÇAS DO ZERO**
  Pense globalmente, aja localmente
- 146 **OUÇAM NOSSA VOZ**
  Ativismo climático
- 148 **LUTA PELA VIDA**
  Ativistas sob ameaça
- 149 **PAREM DE QUEIMAR NOSSO FUTURO**
  Movimentos juvenis
- 150 **TUDO JUNTO E MISTURADO**
  Mudança coletiva
- 152 **MUDANÇA DE MENTALIDADE**
  Mudando a maneira como nos deslocamos
- 153 **ECOMIDAS**
  Dietas sustentáveis
- 154 **VOLANTE ELÉTRICO**
  Carros elétricos
- 155 **VIAGENS COLETIVAS**
  Transportes públicos
- 156 **ÍNDICE REMISSIVO**

MUDANÇA CLIMÁTICA

O clima da Terra passou por várias mudanças durante sua história de 4,54 bilhões de anos. Diferentes fatores causaram essas mudanças, desde alterações na intensidade do Sol e variações na trajetória orbital terrestre até atividade vulcânica e impacto de meteoritos. A maioria dessas mudanças climáticas levou dezenas de milhares de anos para acontecer, e algumas causaram um impacto profundo no planeta.

A mudança climática que vivenciamos hoje difere de todas as anteriores. Depois de décadas de negação e ceticismo, a crescente quantia de evidências coletadas pela ciência é alarmante. O planeta está aquecendo a uma taxa sem paralelos, e a causa principal é a atividade humana, não os fenômenos naturais.

Nos últimos dois séculos, a industrialização, o crescimento populacional e econômico sem precedentes, a urbanização, o desmatamento e a poluição causaram mudanças impressionantes na terra, nos oceanos e na atmosfera do planeta. O principal propulsor da atual mudança climática é a crescente emissão de gases poluentes, responsáveis por produzir aceleração do efeito estufa na atmosfera. As consequências da mudança climática são múltiplas, complexas e diversas, com um leque de repercussões percebidas em níveis distintos nas diferentes regiões do planeta.

Compreender a escala e o escopo dos impactos presentes e futuros faz parte da investigação do caráter interconectado da atividade humana com o planeta e seus recursos e processos. Essa empreitada crucial destaca como a mudança climática abrangerá todos os aspectos da vida humana e da sociedade, e como as soluções, ações atenuantes e estratégias adaptativas são necessárias para dar conta de viver e gerir uma mudança climática, agora e no futuro.

O QUE MUDAN CLIMÁ

É
ÇA
TICA?

Todos os ambientes da Terra, dos polos congelados e oceanos profundos aos desertos ressequidos, são conectados pelo clima. Conforme cientistas foram modelando, medindo e registrando mais informações sobre o clima terrestre, usando dados de satélites e colocando boias no oceano, um panorama mais claro dessas conexões veio à tona. Além disso, utilizando dados do passado para estudar mudanças climáticas naturais, como as eras do gelo, a influência do efeito global de gases poluentes se confirmou. Mudanças atuais no clima acabarão determinando as condições de todas as regiões do mundo que as pessoas chamam de lar.

Não importa o tempo
Muitas vezes, condições climáticas variam em questão de minutos, horas ou dias, o que as torna mais difíceis de prever que o próprio clima.

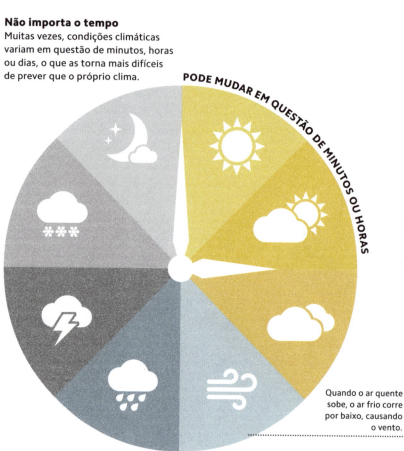

Quando o ar quente sobe, o ar frio corre por baixo, causando o vento.

TEMPO ✕

Tempo é o estado de curto prazo da atmosfera em determinada localidade. É causado por interações entre os ventos e o vapor d'água. No mundo inteiro, todas as pessoas vivenciam os efeitos do tempo, seja quente ou frio, úmido ou seco, com muito vento ou calmo. Clima é o padrão médio do tempo ao longo de um período mais longo. Em geral, meteorologistas definem o clima usando uma janela de trinta anos.

Mudanças de longo prazo
Climas mudam devagar, ao longo de várias décadas. A influência humana acelerou consideravelmente esse processo.

Climas temperados experienciam quatro estações distintas.

Climas polares são especialmente frios na maior parte do ano, já que a luz do sol atinge indiretamente os polos.

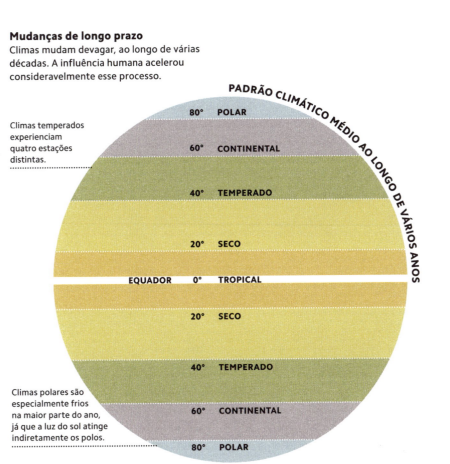

CLIMA

> "Clima é a expectativa, tempo é a realidade".
> Robert A. Heinlein

CLIMA E TEMPO | 11

ATMOSFERA TERRESTRE

GASES DE EFEITO ESTUFA

ENERGIA TÉRMICA

RADIAÇÃO EMITIDA

RADIAÇÃO ABSORVIDA

A radiação de ondas curtas é absorvida e reenviada como radiação de ondas longas.

CALOR RETIDO

A LUZ DO SOL BATE

A radiação de ondas curtas recebidas do sol não é afetada pela presença dos gases de efeito estufa.

Os gases de efeito estufa refletem parte da radiação de ondas longas emitidas, retendo calor e esquentando o planeta.

QUENTE DEMAIS PARA SUPORTAR

O efeito estufa tem origem quando a energia do sol viaja através da atmosfera e é absorvida pela Terra, antes de ser emitida externamente como energia térmica. Essa energia interage com os gases de efeito estufa na atmosfera, que reflete parte dessa energia de volta para a Terra, esquentando o planeta. Gases de efeito estufa, como os produzidos pela queima de combustíveis fósseis, alimentam esse processo, retendo mais energia e esquentando ainda mais o planeta.

TEM ALGUMA COISA NO AR

De todos os gases de efeito estufa, o dióxido de carbono, que tem sido emitido em larga escala, é o mais prejudicial, já que em geral permanece na atmosfera por cem anos. Mesmo que o metano e o óxido nitroso sejam mais potentes, uma parte muito menor desses gases é emitida. O vapor d'água, o gás mais abundante, na maioria das vezes não é gerado por seres humanos. O ozônio, um gás raro, é o que menos contribui para o efeito estufa.

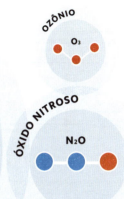

OZÔNIO — O_3

ÓXIDO NITROSO — N_2O

VAPOR D'ÁGUA — H_2O

DIÓXIDO DE CARBONO — CO_2

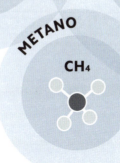

METANO — CH_4

Os mais agressivos
Todos esses gases integram o efeito estufa. No entanto, concentrações atmosféricas de dióxido de carbono ofuscam as de metano, óxido nitroso e ozônio.

GASES DE EFEITO ESTUFA

> "O aquecimento do sistema climático é inequívoco."
> IPCC

Anomalias anuais
A variação no sistema climático (ver p. 16) indica que o aumento das temperaturas anuais variam. Muitas vezes, anos excepcionalmente quentes são causados pelo padrão climático do El Niño (ver p. 15), enquanto erupções vulcânicas geram anos mais frios.

CADA VEZ MAIS QUENTE

Desde a Revolução Industrial (ver p. 40-41), a temperatura média do planeta vem aumentando. Em 2020, a temperatura média global subiu 1,2°C acima que a da era pré-industrial (1850–1900), e o ano empatou com 2016 como o mais quente já registrado. Muitos efeitos negativos do aumento da temperatura mundial, como eventos climáticos extremos cada vez mais frequentes (ver p. 76), já estão sendo observados e vão piorar, a menos que se tomem atitudes para frear essa tendência.

14 | O CLIMA AO LONGO DO TEMPO

Como ocorre o El Niño
Normalmente, ventos fontes do leste empurram as águas quentes da superfície para o Pacífico oeste e águas frias surgem no Pacífico leste. Durante o El Niño (ver abaixo) esses ventos diminuem, causando um acúmulo de águas quentes pelo Pacífico.

CLIMAS DISTORCIDOS

No Pacífico, um padrão climático recorrente chamado El Niño Oscilação do Sul (ENOS) influencia de forma rotineira o tempo no mundo todo. Na fase El Niño, condições de chuvas fortes se alastram pelo Pacífico, e uma mudança na direção do vento aumenta o risco de inundações em áreas como a Índia e a Austrália. O ENOS é um ciclo natural, mas a projeção é que sua frequência aumente de uma vez a cada vinte anos para uma vez a cada dez anos, se as temperaturas médias globais continuarem a subir.

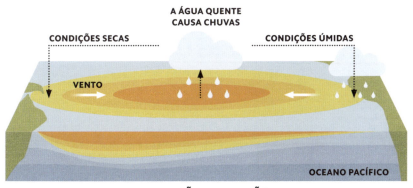

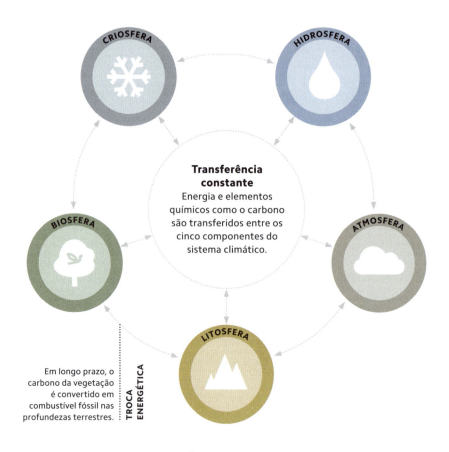

UM EQUILÍBRIO DELICADO

O sistema climático é a relação entre os cinco principais componentes da Terra, os quais influenciam uns aos outros, e define padrões de clima e tempo. Mudanças na atmosfera (ar) geralmente são as mais rápidas, em comparação com a litosfera (a crosta terrestre), a biosfera (matéria viva), a criosfera (neve e gelo) e a hidrosfera (água). Cada componente do sistema climático é medido e analisado.

FORA DO AR

A atmosfera da Terra tem dez mil quilômetros de espessura e é composta de cinco camadas. Na troposfera, os dezesseis quilômetros mais próximos e onde ocorrem todas as condições climáticas, gases de efeito estufa retêm o calor que aquece o planeta (ver p. 12). Na estratosfera, uma faixa de ozônio impede a radiação nociva ultravioleta de chegar à superfície da Terra. A mesosfera também protege a superfície da Terra, desta vez de meteoros, que queimam na entrada. A termosfera, cinquenta vezes mais profunda que a troposfera, é a camada mais quente da atmosfera, atingindo mais de 2.000°C. Acima dela, a mais de milhares de quilômetros, a exosfera se mistura ao espaço, estendendo-se até meio caminho da lua.

EXOSFERA **TERMOSFERA** **MESOSFERA** **ESTRATOSFERA** **TROPOSFERA**

Múltiplas camadas
As camadas atmosféricas, sobretudo a troposfera, são mais espessas no equador e mais finas nos polos Norte e Sul. As cinco camadas são definidas pela temperatura.

NORTE

CIRCULAÇÃO NO ATLÂNTICO NORTE

Na Corrente do Golfo, a água afunda conforme esfria. Então, uma corrente profunda de água fria se alastra para o sul, estimulando a circulação.

OCEANO ÁRTICO

Próximo ao litoral Atlântico dos Estados Unidos, a Corrente do Golfo flui quase 300 vezes mais rápida que o fluxo médio do rio Amazonas.

EQUADOR

OCEANO ATLÂNTICO

CORRENTES DA ANTÁRTIDA

Sem ser interceptada por terras, uma corrente forte e profunda flui de oeste a leste ao redor da Antártida.

SUL

18 | CORRENTES OCEÂNICAS

SEGUINDO O FLUXO

As águas oceânicas circulam de forma constante em um cinturão termossalínico. Esse sistema impulsiona calor pelo mundo. As correntes superficiais mais quentes (vermelhas) são impulsionadas principalmente pelos ventos, enquanto as correntes frias profundas (azuis) são orientadas pela variação da temperatura e salinidade da água. Alguns cientistas acreditam que o aumento das temperaturas globais podem fazer esse cinturão desacelerar. Isso poderia piorar situações extremas nas condições climáticas e temperaturas no mundo inteiro.

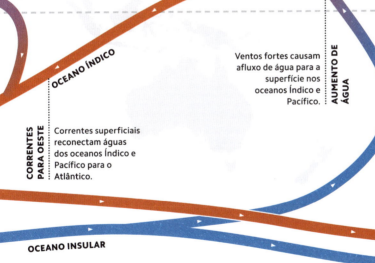

OCEANO PACÍFICO

OCEANO ÍNDICO

Ventos fortes causam afluxo de água para a superfície nos oceanos Índico e Pacífico.

AUMENTO DE ÁGUA

CORRENTES PARA OESTE

Correntes superficiais reconectam águas dos oceanos Índico e Pacífico para o Atlântico.

OCEANO INSULAR

CORRENTES OCEÂNICAS | 19

FORA DE CONTROLE

Um ponto crítico é um patamar em que ocorre uma mudança fundamental, impossibilitando retornar ao sistema anterior. Teme-se que muitas partes do sistema climático já estejam em risco de ultrapassar pontos críticos. Por exemplo, o aumento das temperaturas oceânicas fez recifes de corais ficarem muitos anos sem crescer. Especialistas alertam que a regularidade do branqueamento de corais logo pode ultrapassar um ponto crítico, tornando-se quase anual. Em relação a esse e outros pontos críticos, ainda há tempo de agir antes que seja tarde demais.

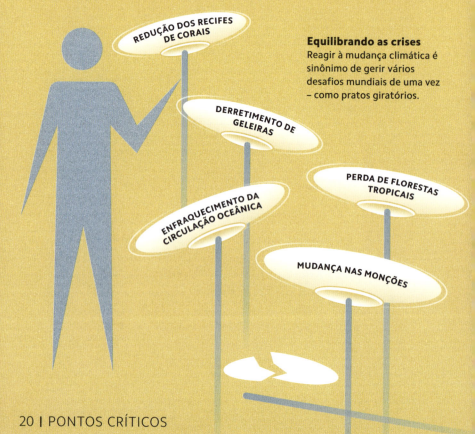

Equilibrando as crises
Reagir à mudança climática é sinônimo de gerir vários desafios mundiais de uma vez – como pratos giratórios.

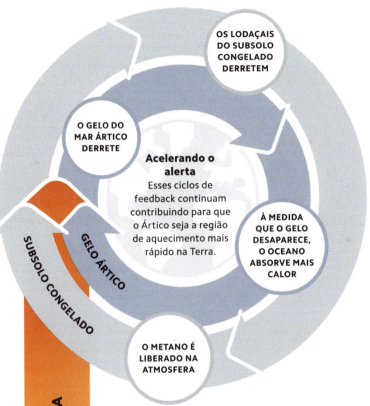

CÍRCULOS VICIOSOS

Ciclos de feedback são resultados das mudanças climáticas que melhoram (feedback positivo) ou pioram (feedback negativo) o impacto da mudança original. Ainda que muitos aspectos da mudança climática respondam bem à ação individual, a maioria dos ciclos só pode ser mitigada ao reduzir o aumento das temperaturas médias globais. Sem isso, ciclos como o desaparecimento do gelo no mar que refletiria a luz do sol, continuarão piorando.

CICLOS DE FEEDBACK | 21

O panorama geral
Dados climáticos são coletados de diversas fontes. Aliar a medição de temperatura no solo às feitas por satélite aumenta a credibilidade dos dados.

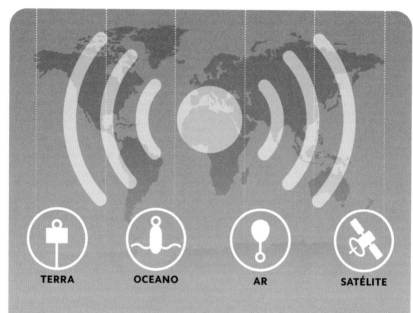

REUNINDO INFORMAÇÕES

Medir o clima é a chave para compreender padrões de mudanças climáticas. Variáveis da superfície como temperatura, pressão e precipitações são medidas continuamente por estações meteorológicas. Os dados oceânicos já foram registrados por navios em superfície, mas agora boias de uso específico coletam dados de profundidades maiores. Medições nas camadas mais altas da atmosfera são feitas por balões flutuantes. Satélites aumentaram amplamente a área total da qual dados climáticos podem ser coletados, estendendo-se para regiões polares.

⌜ Em 2016, um cilindro de gelo na Antártida liberou gelo de 2,7 milhões de anos – o mais velho já registrado. ⌟

Registro atmosférico
Cilindros de gelo registram qualquer evento capaz de deixar rastros na atmosfera, como explosões nucleares e erupções vulcânicas.

JANELAS PARA O PASSADO

Nos anos 1950, em busca de um registro de longo prazo de emissões de CO_2 na Terra, cientistas começaram a perfurar cilindros de gelo profundos na Antártida para medir a concentração de CO_2 em milhares de bolhas minúsculas no gelo. O registro contínuo mais longo analisado, em oitocentos mil anos, revela uma variação de CO_2 atmosférico de 180 a 330 ppm (partes por milhão). Porém desde a Revolução Industrial (ver p. 40-41), o número aumentou rapidamente, atingindo 414 ppm em 2020. Esse aumento é resultado da influência humana sobre o clima.

CILINDRO DE GELO

USO DE ARMAS NUCLEARES
1945–1959

Isótopos radioativos únicos, provenientes do bombardeamento nuclear de Nagasaki em 1945, e de testes subsequentes com armas nucleares nos anos 1950, foram encontrados em cilindros de gelo.

ERUPÇÃO DO VULCÃO KRAKATOA
1883

Erupções vulcânicas consideráveis depositam camadas finas de cinzas pela Antártida, proeminentes o bastante para aparecerem nos cilindros de gelo.

Níveis de CO_2 nos cilindros de gelo tiveram valores mínimos durante as últimas eras do gelo, indicando forte relação entre a prevalência de CO_2 atmosférico e temperatura.

ERA DO GELO MAIS RECENTE
c. 18.000 A.C.

CAPTURA DO NÚCLEO
Ao se compactar em gelo, a neve aprisiona bolhas de gás, que podem permanecer milhões de anos congeladas. Os cilindros de gelo mais fundos chegam a três quilômetros de profundidade.

CILINDROS DE GELO | 23

Como os modelos climáticos funcionam

Usando supercomputadores que fazem trilhões de cálculos por segundo, modelos climáticos medem a transferência horizontal e vertical de energia, umidade e carbono entre as células de grade.

Em 2019, um estudo de dezessete projeções de temperaturas globais feitas desde 1970 revelou que catorze tinham exatidão precisa.

FAZENDO SIMULAÇÕES

Modelos climáticos dividem as terras, a atmosfera e os corpos d'água do planeta em uma grade de células tridimensional. Movimentos no sistema climático podem ser verticais, como o aumento do nível de água, ou horizontais, como o movimento dos ventos. O aumento da capacidade da computação deixou os modelos climáticos mais avançados, incorporando processos mais complexos, como a dinâmica das placas de gelo. Inserindo níveis diferentes de emissões humanas de CO_2, cientistas podem simular o clima mundial de condições passadas, presentes e futuras. Apesar de depender de incertezas complexas, modelos climáticos continuam sendo uma ferramenta útil para ajudar a entender a mudança do clima.

DA SUPERFÍCIE Modelos climáticos calculam a troca de umidade, temperatura e materiais como poeira e carbono entre o solo e a atmosfera.

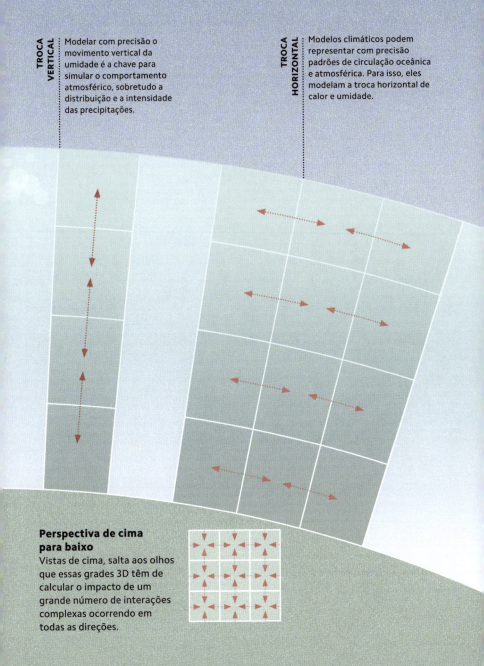

TROCA VERTICAL
Modelar com precisão o movimento vertical da umidade é a chave para simular o comportamento atmosférico, sobretudo a distribuição e a intensidade das precipitações.

TROCA HORIZONTAL
Modelos climáticos podem representar com precisão padrões de circulação oceânica e atmosférica. Para isso, eles modelam a troca horizontal de calor e umidade.

Perspectiva de cima para baixo
Vistas de cima, salta aos olhos que essas grades 3D têm de calcular o impacto de um grande número de interações complexas ocorrendo em todas as direções.

MODELOS CLIMÁTICOS | 25

O QU

CARB

E É O N O ?

Carbono é um elemento que se move naturalmente entre repositórios, principalmente a atmosfera, os oceanos, a vegetação e a parte sólida da Terra. Armazenado na atmosfera em forma de gases poluentes, o carbono determina a potência do efeito estufa. Procedimentos humanos aceleraram a transferência de carbono de repositórios abaixo da superfície terrestre, como combustíveis fósseis, para outros repositórios na atmosfera e nos oceanos. Para limitar o aumento da temperatura média global conforme o Acordo de Paris, a concentração de gases poluentes na atmosfera precisa estabilizar, e as atividades humanas que produzem esses gases precisam ser descarbonizadas.

DEIXA QUEIMAR

A queima de combustíveis fósseis é o fator que mais contribui para as emissões de gases de efeito estufa causadas por seres humanos. Carvão e gás são usados sobretudo em usinas energéticas para produzir eletricidade, com uma pequena parte utilizada nos lares para aquecimento e cozinhar. O carvão tem sido a fonte dominante de emissões desde a Revolução Industrial, e a combustão do carvão libera mais CO_2 por unidade de energia, o que faz dele o combustível mais poluente. O petróleo é usado no setor de transportes, em que combustíveis como gasolina e diesel são queimados em motores de combustão interna.

Em 2019, 85,5% das emissões globais de CO_2 se originaram de combustíveis fósseis e das indústrias.

As várias utilidades do petróleo
O petróleo bruto extraído do solo deve ser destilado (separado) em formas utilizáveis, a temperaturas elevadas. Moléculas menores, como a gasolina, têm ponto de ebulição menor e condensam no alto da coluna de destilação.

PETRÓLEO BRUTO

DESTILAÇÃO

< 25°C
(< 77°F)

→ **GÁS DE PETRÓLEO LIQUEFEITO**
(USADO PARA AQUECER E COZINHAR)

25–60°C
(77–140°F)

→ **GASOLINA**
(COMBUSTÍVEL PARA VEÍCULOS MOTORIZADOS)

60–180°C
(140–356°F)

→ **NAFTA**
(USADO PARA FABRICAR PLÁSTICO)

180–220°C
(356-428°F)

→ **QUEROSENE**
(COMBUSTÍVEL DE AVIÕES)

220–250°C
(428–482°F)

→ **DIESEL**
(COMBUSTÍVEL DE VEÍCULOS PESADOS)

250–300°C
(482–572°F)

→ **ÓLEO COMBUSTÍVEL**
(COMBUSTÍVEL PARA NAVIOS OU PARA GERAR ELETRICIDADE)

300–350°C
(572–662°F)

→ **ÓLEOS LUBRIFRICANTES**
(ÓLEO DE MOTOR)

> 350°C
(> 662°F)

→ **BETUME**
(ASFALTO, USADO PARA PAVIMENTAR RUAS)

COLUNA DE DESTILAÇÃO

COMBUSTÍVEIS FÓSSEIS | 29

SOL   **ATMOSFERA**

CARBONO NO AR
Em média, o CO_2 permanece na atmosfera entre trezentos e mil anos.

NADA DE NOVO SOB O SOL

Em uma escala de curto prazo, o carbono é naturalmente reciclado entre repositórios ou coletores, incluindo a atmosfera, o oceano e a biosfera. Em escalas muito mais longas, ele é removido do ciclo por repositórios de carbono, como os combustíveis fósseis que se formaram ao longo de milhões de anos. A atividade humana adiciona à atmosfera o carbono desses repositórios carboníferos de longo prazo. Embora a absorção de carbono da atmosfera tenha aumentado, o carbono atmosférico ainda está em ascensão.

PLANTAS E ÁRVORES

ANIMAIS

OCEANOS

ATIVIDADE HUMANA

PEDRAS

O carbono previamente armazenado em coletores foi adicionado ao ciclo do carbono.

FORMATO DE COMBUSTÍVEIS FÓSSEIS

30 | O CICLO DO CARBONO

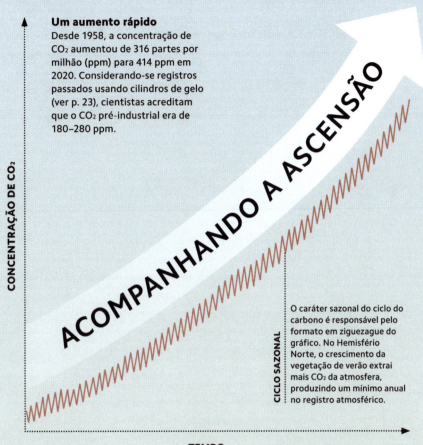

Cientistas começaram a medir a quantidade de CO_2 na atmosfera em 1958, em uma estação de altitude elevada em Mauna Loa, Havaí. O registro de CO_2 feito nessa estação revelou o aumento contínuo de CO_2 atmosférico desde então, em um índice conhecido como Curva de Keeling, que recebeu esse nome em homenagem ao cientista norte--americano Charles Keeling. Desde 2000, o CO_2 atmosférico cresce em ritmo ainda mais rápido, já que as emissões humanas vêm aumentando.

UM SÓLIDO CONSENSO

Apesar da divulgação mundial de informações equivocadas e negacionismo em relação à mudança climática, cientistas concordam que ela é impulsionada sobretudo por ações humanas. Eles usam modelos climáticos (ver p. 24-25) e conduzem estudos para estimar com precisão o nível de aquecimento global atribuível à atividade humana. De maneira mais significativa, observações em tempo real dos efeitos do aquecimento global, como o derretimento do gelo (ver p. 88), desertos áridos e a mudança das correntes oceânicas (ver p. 18-19), também contribuíram para o consenso científico.

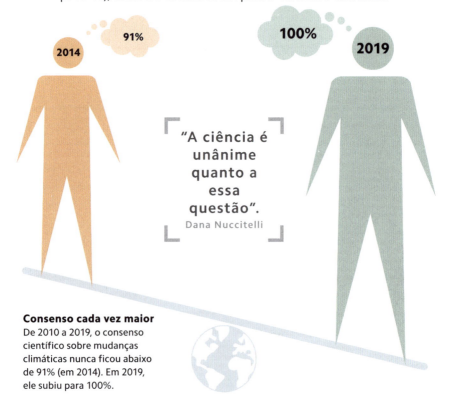

"A ciência é unânime quanto a essa questão".
Dana Nuccitelli

Consenso cada vez maior
De 2010 a 2019, o consenso científico sobre mudanças climáticas nunca ficou abaixo de 91% (em 2014). Em 2019, ele subiu para 100%.

OLHE ONDE PISA

Todas as sociedades dependem de indústrias, serviços ou atividades que aumentam as emissões. A quantidade de gases poluentes emitida por uma pessoa, uma empresa ou um produto é chamada de pegada de carbono. A pegada de carbono de nações de renda mais alta é com frequência maior que a de países de renda mais baixa. Qualquer pessoa ou empresa pode tomar atitudes para reduzir a própria pegada, e esse procedimento é um método eficaz de combater a mudança climática.

QUER PAGAR QUANTO?

Há uma quantidade finita de carbono que ainda pode ser emitida antes que o aumento da temperatura global exceda um certo limite. Essa quantidade é conhecida como orçamento de carbono. Ainda que orçamentos de carbono possam ser definidos para qualquer limite de aumento de temperatura, a maioria fica no limite de 1,5°C definido pelo Acordo de Paris. A menos que as emissões cheguem a zero, nosso orçamento de carbono vai diminuir a cada ano. Quanto mais carbono emitimos, mais orçamento utilizamos e piores os efeitos sobre o clima.

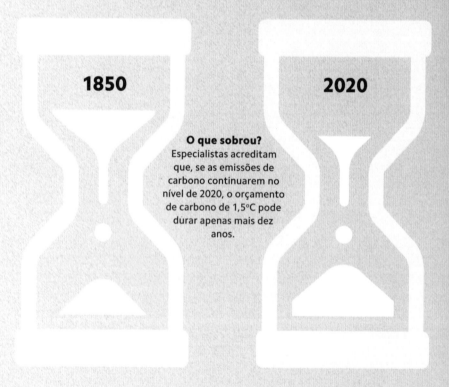

1850

2020

O que sobrou?
Especialistas acreditam que, se as emissões de carbono continuarem no nível de 2020, o orçamento de carbono de 1,5°C pode durar apenas mais dez anos.

O tempo se esgotando
Em 2020, as temperaturas médias globais já tinham subido 1,2°C acima dos níveis pré-industriais. Se não forem tomadas providências rápidas, esse índice pode subir além de 1,5°C e atingir 2°C.

LIMITE MORTAL
Um aumento de 2°C ou mais causaria mudanças drásticas em nosso clima.

UM GRAU DE PREOCUPAÇÃO

Iniciativas internacionais com o objetivo de limitar o aquecimento global a 1,5°C enfatizam que um aumento de 2°C traz riscos significativamente maiores para as pessoas e a natureza. A 2°C, recifes de corais, já extremamente impactados pela mudança climática (ver p. 104), praticamente desapareceriam, e eventos climáticos extremos se tornariam mais comuns e mais intensos. Cada fração evitada de grau de aquecimento reduz esses e outros efeitos da mudança climática, como incêndios (ver p. 84), ondas de calor e inundações.

ELIMINAÇÃO PROGRESSIVA DE CARVÃO

INTERRUPÇÃO DO DESMATAMENTO

MUDANÇA PARA VEÍCULOS ELÉTRICOS

CONSTRUÇÃO DE ENERGIAS RENOVÁVEIS

CASAS ADAPTADAS

DESCARBONIZAÇÃO DA ELETRICIDADE

AUMENTO DOS TRANSPORTES PÚBLICOS

MUDAR AS TECNOLOGIAS
Aprimorar as tecnologias de energias renováveis já existentes e eliminar o carvão é um passo crucial em qualquer tentativa séria de zerar emissões líquidas.

TRANSFORMAR OS LARES
A tecnologia para reduzir 80% da demanda energética de uma casa já existe (ver p. 126-127). No entanto, implementá-la requer soluções fabris e em larga escala.

Um futuro mais verde
Gerar eletricidade com energia solar e eólica, e não com gás e carvão, é uma das várias estratégias que os governos começaram a implementar. Entretanto é difícil remover emissões de carbono da produção de materiais industriais.

Em 2020, apenas seis de 195 países, incluindo a Suécia e o Reino Unido, definiram uma meta de zero emissões legalmente obrigatória.

Para estabilizar a temperatura média global, emissões de carbono provenientes de atividades humanas precisam zerar. A meta de emissões líquidas zero objetiva não lançar mais carbono na atmosfera, ou seja, se houver mais emissões, a mesma quantidade de carbono precisa ser removida para contrabalançá-las. A criação de poços de carbono – ambientes naturais, como uma floresta, que absorve carbono – é uma forma de fazer isso. Para eliminar as emissões, as fontes – sobretudo combustíveis fósseis – precisam ser substituídas por alternativas livres de carbono. Pessoas e empresas também podem ajudar na redução da pegada de carbono (ver p. 33), substituindo viagens privativas por alternativas em transportes públicos.

PASSOS PARA AS EMISSÕES LÍQUIDAS ZERO

DESCARBONIZAÇÃO DE MATERIAIS

ELIMINAÇÃO DO DESPERDÍCIO ALIMENTAR

POPUL

AÇÃO

No mundo, a população humana levou cerca de 2.700 anos para aumentar de 150 milhões para 500 milhões, índice atingido na metade do século XVII. Desde então, ela cresceu drasticamente, e a expectativa é que ultrapasse 9,7 bilhões em 2050. Avanços na agricultura foram acompanhados por inovações tecnológicas e médicas que reduziram a mortalidade infantil, aprimoraram a saúde pública e elevaram a expectativa de vida. O aumento de quase dezesseis vezes da população desde os anos 1650 amplificou o impacto humano sobre o ambiente.

POLUIÇÃO

O sistema fabril

Antes da industrialização, o trabalho era artesanal. Entretanto fábricas em centros urbanos se tornaram a nova norma, e com elas as longas jornadas e péssimas condições de trabalho.

Desde a Revolução Industrial, ações humanas aumentaram a concentração de CO_2 na atmosfera em 48%.

AUMENTO DE MÃO DE OBRA

A escala de produção em massa se expandiu e o mesmo ocorreu com a demanda por trabalhadores sem qualificação, que corriam para trabalhar em fábricas em cidades grandes e pequenas.

40 | A REVOLUÇÃO INDUSTRIAL

COMO TUDO COMEÇOU

A partir da metade do século XVIII, os Estados Unidos e a Europa aos poucos deixaram a economia agrícola e passaram para outra, guiada pela indústria urbana e a produção em massa. Essa revolução, que se espalhou pelo mundo, foi amplamente movida pela queima do carvão em sistemas fabris que lidavam com ferro e aço, e o advento do motor a vapor, que a partir da metade do século XIX se tornou a principal fonte energética de muitas nações. Mais tarde, tecnologias como motores de combustão interna se tornaram comuns. Na era moderna, o crescimento industrial continua causando grande impacto no planeta.

NA ATMOSFERA Novos centros industriais abrigando um amplo leque de trabalhadores e inovações tecnológicas baseadas em combustíveis fósseis viram a poluição do ar disparar no mundo.

CARVÃO

O SINAL DO QUE ESTÁ POR VIR

Antes dos anos 1970, baixas expectativas de vida e altas taxas de mortalidade indicavam que pessoas abaixo de cinco anos eram o grupo mais numeroso do mundo. Desde então, taxas de natalidade mais baixas e melhor assistência médica resultaram em uma população cada vez mais idosa. Idosos são mais suscetíveis aos efeitos da mudança climática, como ondas de calor. Além disso, muitas vezes eles têm pegada de carbono mais alta que equivalentes mais jovens (ver p. 44-45).

Mudanças demográficas
Mundialmente, desde 1970, surgiu uma tendência de envelhecimento populacional. De 2015 a 2060, a quantidade de pessoas de 60 a 79 anos deve aumentar para 1,1 bilhão – cinco vezes mais que a taxa de aumento de crianças e adolescentes.

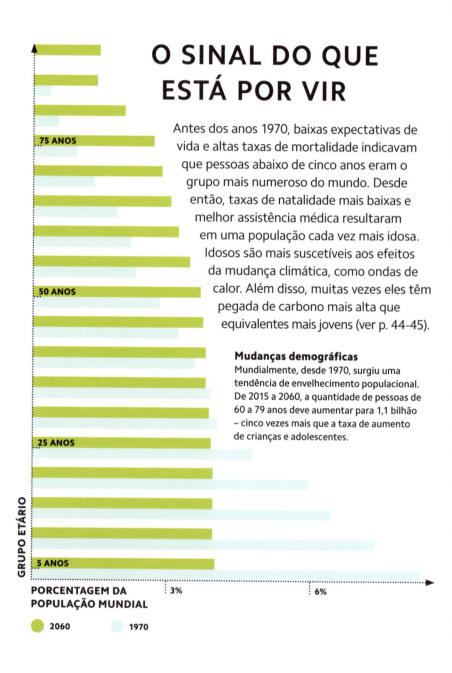

42 | MUDANÇAS POPULACIONAIS

Novo na cidade
Megacidades são centros econômicos. Oportunidades de emprego atraem novos residentes, que encaram forte poluição do ar, serviços públicos restritos e, muitas vezes, superlotação.

PROBLEMAS DE CRESCIMENTO

Por definição, megacidades são locais com população acima de 10 milhões. Em 1950, Nova York e Tóquio eram as únicas do mundo. Hoje em dia há mais de trinta, e a expectativa é que em 2030 haja mais de quarenta. Quando esse crescimento não é planejado, pode superar a infraestrutura e os serviços, e comprometer o controle de emissões e de poluição, colapsar o serviço público de saúde, e aumentar os resíduos industriais e sólidos. Muitas megacidades são grandes polos de emissões de gases poluentes, que impactam muito além dos limites urbanos.

O ADVENTO DAS MEGACIDADES | 43

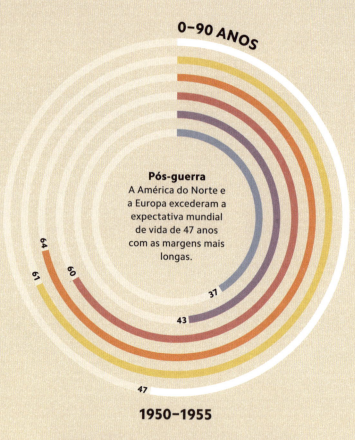

IDADE AVANÇADA

Em 1800, a expectativa de vida mundial era de menos de 35 anos. Em 2020, ela havia mais que dobrado, atingindo 73 anos. Isso se deve em grande parte às melhorias das condições sanitárias, educação em saúde e medicina. Há uma grande disparidade entre as expectativas de vida em nações de renda mais elevada e as de renda mais baixa. Em todas as partes do mundo, a longevidade resulta em pegadas individuais de carbono mais altas e cria mais pressão sobre os recursos naturais.

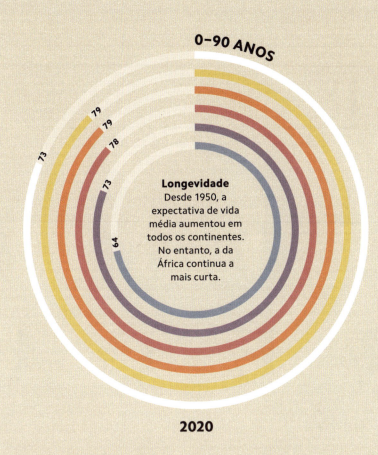

0–90 ANOS

73
79
79
78
73
64

Longevidade
Desde 1950, a expectativa de vida média aumentou em todos os continentes. No entanto, a da África continua a mais curta.

2020

Em média, uma criança nascida no Japão vive até os 84 anos, quase 30 a mais que uma criança nascida na Nigéria.

LEGENDA
MÉDIA MUNDIAL
OCEANIA
EUROPA
AMÉRICAS
ÁSIA
ÁFRICA

EXPECTATIVAS MAIS ALTAS DE VIDA | 45

COMI
RECU

D A E
R S O S

Impulsionada pelo crescimento da produtividade agrícola no cultivo cerealista dos anos 1960 em diante, a produção global de alimentos conseguiu acompanhar o ritmo da população humana em expansão, mas à custa de outros recursos e do ambiente. A atividade agrícola ocupa cerca de metade da terra habitável do planeta e consome 70% de toda a captação de água potável. Apesar do aumento da produção alimentar, a pobreza, o desperdício, conflitos e desigualdades deixam milhões de pessoas em situação de fome e desnutrição.

PULVERIZAÇÃO QUÍMICA

ARROTEAMENTO

GRILAGEM
A necessidade de novas terras para cultivar levou a grilagens em larga escala, causando sérios impactos na vida selvagem e em comunidades locais.

"O sistema alimentar industrial é uma barreira à percepção dos potenciais benefícios climáticos na agricultura"
Laura Lengnick

Agricultura intensiva
O cultivo intensivo gerou mais produção, mas a um custo ambiental significativo. Seu impacto tem múltiplas camadas, incluindo as emissões elevadas do maquinário agrícola, biodiversidade reduzida e poluição por pesticidas e escoamento de fertilizantes (ver p. 52-53).

TÉCNICAS AGRÍCOLAS INTENSIVAS | 49

LAVOURAS TRATADAS
Práticas agrícolas intensivas recorrem a fertilizantes compostos de grandes quantidades de nutrientes, como nitrogênio, fósforo e potássio.

PARA DENTRO DA ÁGUA
Os nutrientes do fertilizante, por meio de precipitações e da irrigação, escoam para a terra e se infiltram, ou lixiviam, rios, lagos e águas costeiras.

LIXIVIAÇÃO DO SOLO

O FERTILIZANTE LIXIVIA NA ÁGUA

MICRÓBIOS

NITROGÊNIO LIBERADO
Fungos e bactérias no solo decompõem a matéria orgânica morta, liberando óxido nitroso na atmosfera.

O QUE VALE É CRESCER

Em 1913, o processo Haber-Bosch deu início à fixação (transformação) em escala industrial do nitrogênio atmosférico em substâncias usadas em fertilizantes artificiais para enriquecer os solos e suportar colheitas mais pesadas. Hoje, o cultivo mundial depende de mais de 220 milhões de toneladas de fertilizantes por ano, mas isso tem um custo. O processo Haber-Bosch consome mais de um por cento da energia mundial, enquanto nutrientes fertilizantes podem danificar ecossistemas aquáticos e levam a emissões mais elevadas do gás óxido nitroso (N_2O), que é poluente.

AS ALGAS COBREM A ÁGUA (EXPLOSÃO DE NUTRIENTES)

Nutrientes em excesso
Eutroficação é um processo pelo qual os nutrientes estimulam o crescimento de algas, matando organismos em ecossistemas aquáticos, já que esgota o oxigênio e bloqueia a luz solar para outros seres vivos.

PERDA DA VIDA ANIMAL E VEGETAL

TOXINAS EM NOSSA CADEIA ALIMENTAR

Louvados como agentes de milagres químicos que aumentaram imensamente os cultivos, muitos pesticidas se provaram tóxicos não só para os insetos, fungos e plantas nocivas que eles foram projetados para controlar ou erradicar. Um aumento cinquenta vezes maior de seu uso desde 1950 foi acompanhado por seu acúmulo no solo, fontes aquíferas e cadeias alimentares, em que a biomagnificação presencia a redução da quantidade saudável de predadores importantes. Pesticidas também reduzem populações de espécies inofensivas ou úteis, prejudicando a biodiversidade (ver p. 86).

Animais no topo da cadeia alimentar consumirão a maior concentração de toxinas biomagnificadas.

CONTAMINAÇÃO CONCENTRADA

Biomagnificação

Seres vivos maiores comem muitos pequenos organismos para suprir sua necessidade dietética e pequenas quantidades de toxinas se concentram mais no topo da cadeia alimentar.

O LEGADO DOS PESTICIDAS | 51

CORTANDO AS DEFESAS

De acordo com a Organização das Nações Unidas para a Alimentação e Agricultura, 4,2 milhões de km² de floresta – uma área com 6,5 vezes o tamanho da França – foram perdidos desde 1990. O que mais estimula isso é o arroteamento para expansão agrícola. Essa perda alarmante de ricos habitats não só ameaça a biodiversidade e reduz o papel das florestas como reservatórios vitais de carbono, mas também remove a cobertura de erosão do solo e a proteção contra enchentes que as árvores e suas raízes oferecem.

Declínio rápido
A crescente necessidade de terra e recursos levou ao desmatamento em larga escala desde o início da Revolução Industrial (ver p. 40-41). A perda líquida de florestas temperadas atingiu o ápice nos anos 1990.

LEGENDA
Perda florestal

● Florestas temperadas
● Florestas tropicais

PERDA TROPICAL
A perda líquida ultrapassou 540 milhões de hectares durante esse período de cinquenta anos.

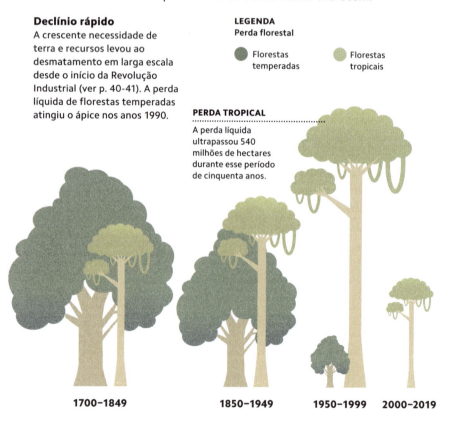

1700-1849   1850-1949   1950-1999   2000-2019

52 | DESMATAMENTO

Apanhados
Quase um terço das populações de peixes foram pescadas além do limite, o que transfere a pressão sobre essas populações já pescadas ao limite da capacidade.

61% DAS POPULAÇÕES DE PEIXES INTEGRALMENTE PESCADAS

29% DAS POPULAÇÕES DE PEIXES PESCADAS ALÉM DO LIMITE

10% DAS POPULAÇÕES DE PEIXES PESCADAS ABAIXO DO LIMITE

A crescente demanda global por peixes e frutos do mar promoveu uma pilhagem oceânica, com danos a populações de peixes e ecossistemas. A quantidade de populações de peixes em risco de extinção por causa da pesca excessiva triplicou nos últimos cinquenta anos, já que as populações reprodutoras ficam esgotadas demais para se recuperar e, por isso, as teias alimentares se degradam. A pesca e o arrasto indiscriminados também matam, por ano, mais de 33 milhões de toneladas de capturas acidentais indesejadas (animais indesejados apanhados e mortos no processo). Um aumento na aquacultura (criação) está atendendo parte da demanda por frutos do mar.

O MAR NÃO ESTÁ PARA PEIXE

PESCA EXCESSIVA | 53

TÁ TUDO DOMINADO

Seja pelo comércio, pelo transporte ou pela mudança climática, muitas espécies estão se espalhando para fora de seu âmbito nativo e causando estragos em organismos e sistemas em seus novos lares. Livres de restrições naturais e da predação encontrada no ambiente nativo, essas populações emergentes de espécies invasivas podem exceder em quantidade e eliminar espécies nativas em busca de recursos. Elas podem empurrar espécies nativas para a ameaça de extinção ou a extinção em si, reduzindo a biodiversidade e destruindo o delicado equilíbrio do ecossistema.

**BESOURO-DO-
-PINHEIRO**

Esses insetos perfuradores de madeira matam pinheiros e afetaram milhões de acres de florestas norte-
-americanas. Invernos mais amenos permitiram que os besouros estendessem seu âmbito para o norte.

> **"Um clima mais quente possibilita que invasores se espalhem para mais longe."**
> Richard Preston

ALGAS MARINHAS

Fora de seu Oceano Pacífico nativo, a alga marinha *Caulerpa taxifolia* é uma espécie altamente invasiva. Há debate se seu impacto é ou não negativo.

PEIXE-LEÃO

Devorador voraz, um único peixe-leão, como espécie invasiva, pode consumir metade dos peixes de um recife de corais em apenas seis semanas.

SAPO-BOI

Em 1934–1935, 2400 sapos-bois sul-americanos foram soltos na Austrália como controle de pragas em plantações de cana-de-açúcar. Hoje em dia eles somam mais de 1–1,5 bilhão.

ESPÉCIES INVASIVAS | 55

SEM NUTRIÇÃO

De acordo com estimativas da Organização das Nações Unidas para a Alimentação e Agricultura, um terço de toda a comida é desperdiçado. O recursos para produzi-la é desperdiçado. O desperdício ocorre em todas as etapas: produção inicial, separação, transporte, comércio e consumo doméstico. Cerca de 40% de todo o desperdício alimentar em países desenvolvidos ocorre na etapa de comércio. Além dos recursos jogados fora, o desperdício de comida também produz emissões significativas de gases poluentes, especialmente o metano de alimentos podres.

1,4 bilhões de toneladas de comida são desperdiçados a cada ano.

RESÍDUOS DE TERRA

Cerca de 28% do cultivo do mundo é usado para produzir comida que será perdida e desperdiçada.

RECURSOS DE ÁGUA

O desperdício alimentar usa cerca de 250 km³ de água todo ano.

CUSTO DO CARBONO

A estimativa da pegada de carbono dos alimentos desperdiçados é de 3,6 bilhões de toneladas de gases poluentes equivalentes ao CO_2 lançados na atmosfera.

CULTIVO

DESPERDÍCIO DE ÁGUA

PEGADA DE CARBONO

PEGADA HÍDRICA

O consumo direto de água, que é de 15 a 540 litros per capita diariamente, é só a ponta do iceberg; tudo o que se compra e se consome usa água quando é produzido. A pegada hídrica mede a água consumida e a poluída. Ela pode ser calculada para pessoas, processos ou o ciclo de produção integral de produtos – da cadeia de suprimentos ao fornecimento ao usuário final. A pegada hídrica pessoal de quem mora em países desenvolvidos pode chegar a milhares de litros por dia.

BANANAS 790 L

LEITE 1,020 L

CAMISETA DE ALGODÃO 2,700–4,100 L

PÃO (TRIGO) 1,608 L

FRANGO 4,325 L

CARNE 15,415 L

Pegadas grandes
A figura mostra a pegada hídrica média de alguns itens alimentícios comuns em litros por quilo produzido. A pegada média de uma única camiseta de algodão depende da grossura do tecido.

CONSUMO DE ÁGUA | 57

O AUM

DO CO

ENTO
NSUMO

Todas as formas de consumo podem contribuir com a mudança climática. A contribuição por meio do consumo é maior em países mais ricos, mas o desenvolvimento econômico está elevando o consumo de muitos países mais pobres. Como resultado, a média de emissões globais por pessoa – atualmente cerca de 4,8 toneladas por indivíduo – dobrou desde 1950, e continua aumentando. Mesmo que alguns setores estejam cortando emissões de carbono, todas as coisas, de eletrônicos a roupas, ficaram mais descartáveis e poluentes. Muitos países parecem ter reduzido o consumo, mas apenas mudaram a produção de seus itens para outras nações.

ENERGIA BARATA E POLUENTE

O carvão vem fornecendo energia barata desde a revolução industrial (ver p. 40-41), mas essa energia tem seu custo. A queima de carvão é poluente e mortal; ela produz 50% mais CO_2 que a queima de gás e estima-se que sua poluição custe ao menos três vezes mais vidas que qualquer outra fonte de energia. O uso do carvão decaiu drasticamente em muitos países de economia mais desenvolvida e alguns países carboníferos já estão planejando uma descontinuação gradual.

VAPORES LANÇADOS

VAPORES POLUÍDOS

Em usinas modernas, gases residuais são tratados e limpos, mas por muito tempo emissões nocivas eram simplesmente lançadas na atmosfera.

PARTÍCULAS DE CARVÃO SÃO PARCIALMENTE FILTRADAS

CARVÃO QUE ABASTECE A FORNALHA

60 | ENERGIA DA QUEIMA DE CARVÃO

> "Estações de energia a carvão são fábricas de morte."
> James Hansen

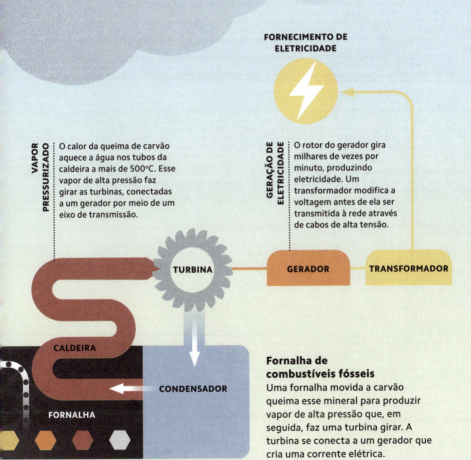

FORNECIMENTO DE ELETRICIDADE

VAPOR PRESSURIZADO
O calor da queima de carvão aquece a água nos tubos da caldeira a mais de 500°C. Esse vapor de alta pressão faz girar as turbinas, conectadas a um gerador por meio de um eixo de transmissão.

GERAÇÃO DE ELETRICIDADE
O rotor do gerador gira milhares de vezes por minuto, produzindo eletricidade. Um transformador modifica a voltagem antes de ela ser transmitida à rede através de cabos de alta tensão.

TURBINA — GERADOR — TRANSFORMADOR

CALDEIRA
CONDENSADOR
FORNALHA

FORNALHA PARA QUEIMA DE CARVÃO

Fornalha de combustíveis fósseis
Uma fornalha movida a carvão queima esse mineral para produzir vapor de alta pressão que, em seguida, faz uma turbina girar. A turbina se conecta a um gerador que cria uma corrente elétrica.

ENERGIA DA QUEIMA DE CARVÃO | 61

ESTRADA PARA A DESTRUIÇÃO

Veículos são as principais alavancas da mudança climática, já que o transporte rodoviário responde por mais de 10% das emissões de gases poluentes. De todos os veículos rodoviários, carros grandes como SUVs são especialmente nocivos ao ambiente e sua popularidade não dá sinal algum de diminuição, correspondendo hoje a 39% das vendas mundiais de carros em comparação com 17% em 2010. Entre as recomendações de ativistas climáticos para reduzir a poluição e emissões prejudiciais estão alternativas ao uso de carros para trajetos curtos, como transporte público, ciclismo e caminhada, todos eles úteis para minimizar viagens de carro desnecessárias.

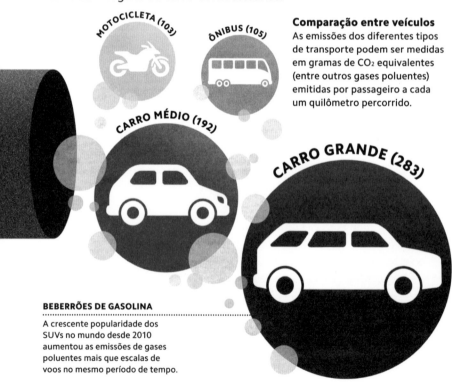

Comparação entre veículos
As emissões dos diferentes tipos de transporte podem ser medidas em gramas de CO_2 equivalentes (entre outros gases poluentes) emitidas por passageiro a cada um quilômetro percorrido.

BEBERRÕES DE GASOLINA
A crescente popularidade dos SUVs no mundo desde 2010 aumentou as emissões de gases poluentes mais que escalas de voos no mesmo período de tempo.

Fumaças feitas por nós

Aviões emitem rastros de vapor chamados esteiras de fumaça, que criam nuvens em formato de cirros que podem durar minutos ou horas. Essas nuvens podem aprisionar o calor que sai da Terra, contribuindo imensamente com o aquecimento global.

A indústria aérea é responsável por cerca de 2,4% das emissões globais de CO_2.

EM PARAFUSO

Poucas causas da mudança climática relacionadas a transportes são tão notórias quanto voar de avião. Pegar um único voo longo produz mais emissões de CO_2 do que toda a pegada de carbono anual de uma pessoa (ver p. 33). Além de emitir CO_2, aeronaves liberam outros poluentes que triplicam o efeito de aquecimento global de uma viagem. Até o início da pandemia do coronavírus em 2020, viagens de avião aumentavam anualmente. Se essa tendência voltar e persistir, em 2050 as emissões provenientes da aviação podem usar um quarto de nosso orçamento de carbono de 1,5°C.

INDÚSTRIA PESADA

A produção de metais, produtos químicos e cimento depende de combustíveis fósseis, e todas essas coisas geram emissões pesadas. A produção de uma tonelada de aço, por exemplo, gera uma média de 1,9 toneladas de CO_2. Esse problema não dá o menor sinal de redução, já que a demanda por aço e cimento mais do que dobrou neste milênio. Até agora, só existem algumas alternativas caras com baixo teor de carbono. Para muitas indústrias pesadas, acredita-se que a opção mais viável seja o hidrogênio, submetido a um processo conhecido como reforma a vapor do metano.

PRODUÇÃO INDUSTRIAL

41% das emissões de CO_2 da indústria pesada provém da queima de combustíveis fósseis para gerar calor, que então é utilizado para produzir materiais como aço, cimento e petroquímicos.

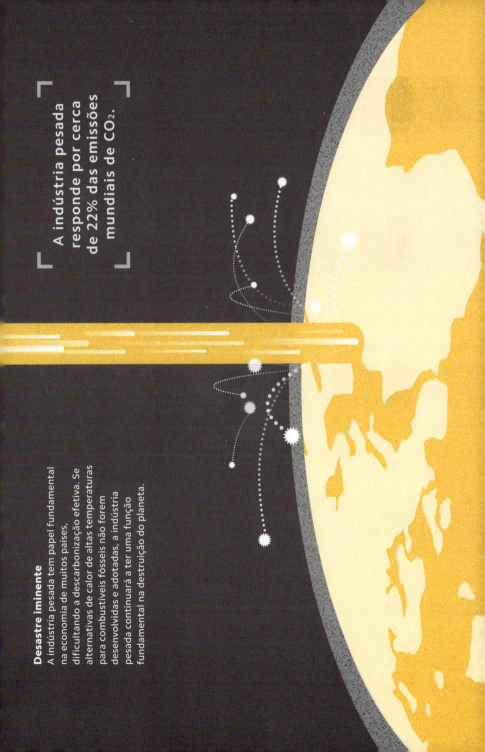

> A indústria pesada responde por cerca de 22% das emissões mundiais de CO_2.

Desastre iminente
A indústria pesada tem papel fundamental na economia de muitos países, dificultando a descarbonização efetiva. Se alternativas de calor de altas temperaturas para combustíveis fósseis não forem desenvolvidas e adotadas, a indústria pesada continuará a ter uma função fundamental na destruição do planeta.

> **80% de todas as roupas vendidas nos Estados Unidos não são recicladas.**

Uma indústria prejudicial
Em 2019, um relatório do governo do Reino Unido revelou que a indústria têxtil contribui mais para a mudança climática que o transporte aéreo e o naval juntos.

INDÚSTRIA DA MODA
10%
DE TODO O CO_2 PRODUZIDO

PRODUÇÃO DE ALGODÃO
22,5% DOS INSETICIDAS DO MUNDO E 10% DOS PESTICIDAS

MODA DESCARTÁVEL

A cada ano, 80–100 bilhões de novas peças de roupas são vendidas, o que representa um aumento de 400% no consumo nos últimos vinte anos. Muitas dessas roupas são da indústria *fast fashion* – vestuário barato, efêmero e produzido em larga escala. A *fast fashion* consome uma infinidade de recursos, gera emissões significativas de gases poluentes e produz peças que serão usadas poucas vezes antes de serem descartadas. Poucas são recicladas; a esmagadora maioria é incinerada ou queimada em aterros. O poliéster e outras fibras sintéticas da composição dos tecidos podem levar séculos para se deteriorar.

UM MUNDO DE DESPERDÍCIOS

Em 2018, resíduos sólidos municipais anuais ultrapassaram dois bilhões de toneladas no mundo todo. Só 13,5% deles foram reciclados. O restante foi descartado em depósitos, aterros e por incineração. Esses métodos prejudicam ecossistemas e geram poluição, além de elevadas emissões de gases poluentes – cerca de uma tonelada de CO_2 para cada tonelada de resíduos. Plásticos de uso único (ver p. 105) são parte considerável do fluxo de resíduos. Sua onipresença, durabilidade e ausência de biodegradabilidade geram problemas significativos.

TERMOPLÁSTICOS

Esse grupo de plásticos inclui garrafas de bebidas, sacolas, recipientes, bandejas e plástico-filme. Termoplásticos podem ser reaquecidos e remodelados várias vezes, além de serem fáceis de reciclar.

TERMOFIXOS

Termofixos são o copos para bebidas quentes, tampas de garrafa e pratos para micro-ondas. Nenhum desses itens é reciclado com facilidade.

Sociedade do uso único

Reformas corporativas e ações governamentais são a chave para combater o excesso de resíduos. As pessoas também podem fazer a parte delas, reciclando e reusando objetos, e não utilizando plásticos de uso único.

MONTANHAS DE SOBRAS

EFEIT
ATMOS

OS NA
FERA

O efeito estufa começa nas camadas gasosas que circundam a Terra. À medida que a energia termal fica armazenada na atmosfera terrestre por esses gases, as temperaturas do ar aumentam. É isso que está causando o aumento nas temperaturas do mundo desde a Revolução Industrial. Uma atmosfera mais quente também afeta o ciclo da água, com mais evaporação e armazenamento de água na atmosfera aumentando a potência dos ciclones tropicais e fazendo das precipitações extremas eventos mais frequentes e intensos. A queima de combustíveis fósseis também produz poluição física, causa direta de doenças respiratórias.

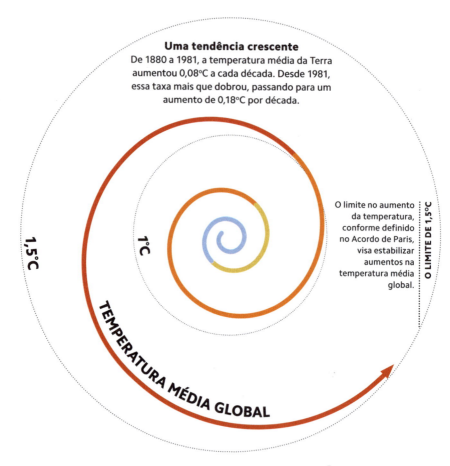

CALOR INSUPORTÁVEL

O aumento da temperatura média global é o impacto mais reportado da mudança climática. A cerca de 14,9°C em 2020, a média global ainda parece baixa, mas é uma métrica útil para se guiar. No mundo todo, as mudanças de temperatura não são uniformes. O Ártico, por exemplo, está aquecendo três vezes mais que a taxa média mundial. Entretanto praticamente todos os lugares do planeta tiveram aumento de temperatura desde a Revolução Industrial (ver p. 40-41).

Conforme os métodos para medir a mudança climática se aprimoraram, surgiu um consenso científico de que a crise no clima é causada sobretudo pela atividade humana (ver p. 32), eliminando o crédito de teorias alternativas, como variação natural na radiação solar. O vínculo científico entre emissões de CO_2 causadas por seres humanos e o aquecimento global foi estabelecido pela primeira vez em 1896. Hoje, os modelos científicos mais avançados mostram que, se não fosse pelo aumento da emissão de gases poluentes resultantes da Revolução Industrial, a temperatura média global mal teria mudado nos últimos duzentos anos.

NÓS SOMOS A CAUSA DA CRISE

Um problema bem humano
Cientistas desenvolveram um método para calcular até que ponto a ação humana tem força para influenciar eventos climáticos extremos (ver p. 75). Esse campo se chama "atribuição de eventos extremos". Esses estudos descobriram que a intensidade e a escala desses eventos muitas vezes são exacerbadas por atividades humanas.

ONDAS DE CALOR

TEMPESTADES EXTREMAS

INUNDAÇÃO

INCÊNDIOS

MUDANDO NOSSO CLIMA | 71

Saúde humana
Sociedades humanas dependem de condições climáticas, que influenciam fatores como suprimentos de comida e água potável. Muitas atividades humanas afetam o clima em escala global e local.

TUDO ESTÁ CONECTADO

As saúdes do clima, dos seres humanos e do ecossistema estão intimamente ligadas e uma influencia diretamente as outras. Atividades humanas, da agrícola à fabril, influenciam o ambiente natural, impactando diretamente a atmosfera e a saúde dos ecossistemas no oceano e em terra. As consequentes mudanças na biosfera têm repercussões por toda a vida, inclusive na dos seres humanos. Os elos naturais e os ciclos de feedback (ver p. 21) entre comunidades vegetais e animais e o ambiente físico indicam que mudanças em um só sistema têm implicações pelo mundo. A mudança climática resulta em modificações rápidas demais para os sistemas se adaptarem e uma resiliência enfraquecida de todos os componentes.

72 | SAÚDE DO CLIMA

Saúde do ecossistema
Árvores e plânctons marinhos são importantes reguladores do CO_2 atmosférico, e a cobertura vegetal exerce influência relevante no clima local e nas atividades humanas. A perda de habitats aumenta as interações entre humanos e animais, elevando o risco de novas doenças saltarem a barreira entre espécies.

SAÚDE DE TODOS

Saúde do clima
Um clima estável exerce influência marcante em comunidades humanas e animais que habitam regiões do mundo todo.

"A verdade é que o mundo natural está mudando. E que somos totalmente dependentes dele."
David Attenborough

SAÚDE DO CLIMA | 73

MUDARAM AS ESTAÇÕES

Muitos elementos do mundo natural reagem às variações sazonais no clima. Para algumas plantas, o florescimento é ativado pelo aumento de temperatura acima de certo limite. À medida que as temperaturas sobem e os padrões de precipitação mudam, a primavera, em média, chega mais cedo nos Hemisférios Norte e Sul. Isso impacta nos sistemas humanos, em particular a agricultura e a vida animal. Um exemplo emblemático são as monções na Ásia: uma mudança na chegada das estações influencia sistemas agrícolas que alimentam bilhões de pessoas.

TARDE DEMAIS PARA POLINIZAR
Primaveras antecipadas podem fazer as plantas florescerem antes que os insetos polinizadores, como as abelhas, apareçam. Assim, as plantas não conseguem se reproduzir, e os insetos ficam sem sua fonte crucial de alimento.

PRIMAVERA

Estações fora de sincronia
Certos comportamentos animais e vegetais acontecem por mudanças sazonais das condições climáticas. Se a mudança climática modifica o escalonamento das condições sazonais, ecossistemas inteiros podem ficar dessincronizados.

74 | ESTAÇÕES IRREGULARES

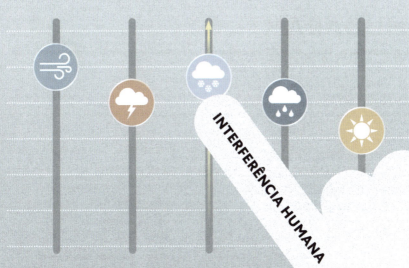

Clima mais extremo
O aumento de calor na atmosfera muda padrões de evaporação e circulação atmosférica. Isso está relacionado a climas extremos e incomuns, como ondas de calor muito fortes e com frequência fatais.

AUMENTANDO OS NÍVEIS DE INTENSIDADE

Conforme o efeito estufa aumenta (ver p. 13) e a temperatura média muda, a intensidade e a frequência de eventos climáticos intensos também aumentam. Nos últimos anos, ondas de calor mais longas registraram temperaturas recordes na maioria das regiões do mundo. As precipitações também ficaram mais acentuadas, já que o ar mais quente consegue reter mais umidade. Isso causa estiagens mais extremas e chuvas mais intensas, o que pode levar a inundações devastadoras.

CLIMA EXTREMO | 75

TEMPESTADES EXTREMAS

Tempestades tropicais fortes – ciclones, furacões ou tufões – ficaram mais potentes desde os anos 1980. Extraindo energia de águas quentes oceânicas, os ventos dessas tempestades atingem velocidades impressionantes e podem causar danos imensos ao chegar no continente. Águas oceânicas mais quentes (ver p. 100) alimentam ciclones mais potentes, e uma proporção maior desses eventos agora atinge as seções mais altas de sua escala classificatória, com ventos de mais 250 km/h de velocidade.

Tempestade se formando

Os maiores sistemas de tempestades se formam acima da água equatorial oceânica. Quente, o ar úmido que se eleva do oceano gera tempestades circulantes potentes.

NUVENS CARREGADAS

Quando o ar atinge uma altitude elevada, ele esfria e condensa para formar grossas nuvens cúmulos-nimbos, que produzem fortes precipitações.

AR ASCENDENTE

O ar acima do oceano apanha o calor da água e sobe. Isso permite a entrada de mais ar, que esquenta e sobe, alimentando um processo de aceleração que produz um ciclone.

DIREÇÃO DA TEMPESTADE

CHUVA

VENTOS FORTES

Os ventos geram saliências na água, que podem causar ondas grandes e inundação no continente.

MARÉ CICLÔNICA

76 | TEMPESTADES TROPICAIS

NUVEM DE CHUVA ÁCIDA

Agentes poluentes
Dióxido sulfúrico e óxidos de nitrogênio são comumente emitidos por escapamentos de carros e usinas movidas a carvão, causando poluição do ar e chuva ácida.

BANHOS QUE MATAM

A chuva ácida é um efeito colateral da queima de combustíveis fósseis. Agentes de poluição provenientes da combustão de carvão e de indústrias químicas se misturam com a água da atmosfera e formam ácidos sulfúricos e nítricos que aumentam a acidez das precipitações. Onde elas caem, árvores são prejudicadas e ecossistemas de água limpa se tornam tóxicos para muitas espécies, danificando cadeias alimentares. Avanços foram realizados para reduzir emissões poluentes e ajudar na recuperação do ecossistema, mas a chuva ácida ainda é um problema sério em algumas partes do mundo.

LUZ EXCESSIVA

Desde sua invenção no fim do século XIX, a luz elétrica se tornou comum na maior parte do mundo. No entanto, a quantidade absoluta de luzes em uso e seu uso ineficiente (sobretudo em cidades grandes) resulta em poluição luminosa, que causa muitos problemas. Além de ser um problema ambiental, a poluição luminosa também causa impactos negativos em seres humanos e animais.

Impacto humano
Sabe-se que a poluição luminosa altera os padrões do sono humano atrapalhando os ritmos naturais do corpo, que resulta em dificuldade para dormir.

83% da população mundial vive em áreas com céus noturnos poluídos pela luz.

Desperdício de energia

Nas casas, empresas e comunidades, deixar as luzes acesas é a causa primordial de desperdício de energia – seja em cômodos vazios, vitrines de lojas fechadas e áreas públicas com excesso de iluminação.

Vida selvagem prejudicada

A poluição luminosa pode confundir o animais, atrapalhando seus ciclos diários de atividades. Por exemplo, filhotes de tartarugas-marinhas que usam o horizonte natural para encontrar o mar podem ficar desorientados pelas luzes.

AR TÓXICO

Além de emitir gases poluentes, a queima de combustíveis fósseis também produz agentes poluentes físicos. Usinas movidas a carvão e motores de veículos a gasolina são as maiores fontes de poluição formados por partículas físicas menores que 10 microns de diâmetro, pequenas o bastante para serem inaladas pelos pulmões. Essas partículas causam doenças respiratórias, e estima-se que contribuam com mais de 8 milhões de mortes por ano no mundo todo.

ZONAS DE PERIGO

Cerca de 91% da população mundial vive em regiões em que os níveis de poluição do ar são mais altos do que os recomendados pela Organização Mundial da Saúde (OMS).

PODE CAUSAR DANO CEREBRAL

Assassina invisível

A poluição contribui com várias condições clínicas, sobretudo doenças cardíacas e pulmonares. Eliminar combustíveis fósseis trará benefícios diretos para a saúde.

PROBLEMAS CARDÍACOS E PULMONARES

CAUSAS PRINCIPAIS

Regiões com altas densidades de carros e estações movidas a carvão contêm os níveis mais elevados de poluição do ar.

80 | POLUIÇÃO DO AR

BURACO NO CÉU

Descoberto em 1985 em partes da Antártida, um buraco na camada de ozônio na estratosfera (ver p. 17) confirmou que a destruição do ozônio estratosférico está ocorrendo no mundo todo. A função do ozônio é muito importante: ele impede que a radiação ultravioleta originária do sol chegue à Terra. A destruição do ozônio foi causada pela emissão humana de partículas químicas chamadas clorofluorcarbonetos (CFCs), usados em geladeiras e aerossóis.

PRODUÇÃO DE OZÔNIO

O ozônio é produzido quando moléculas de oxigênio absorvem a radiação UV do sol. CFCs e outros produtos químicos interrompem essa reação, evitando que o ozônio seja gerado.

CAMADA DE OZÔNIO

Encolhendo
O buraco de ozônio está regredindo e o uso de CFCs nocivos foi banido, mas pode levar até 2070 para a camada de ozônio se recuperar totalmente.

TERRA

NA SUPERFÍCIE
O ozônio estratosférico é essencial para proteger as pessoas contra a radiação ultravioleta, que pode causar câncer de pele e queimaduras solares.

A DESTRUIÇÃO DA CAMADA DE OZÔNIO | 81

EFEI
NATE

T O S
R R A

Os efeitos do aumento na temperatura já têm deixado cicatrizes visíveis na superfície da Terra. Condições favoráveis para incêndios são mais comuns e a mudança nas precipitações causa estiagens e desertificação. Essa mudança acelerada nas condições climáticas torna difícil a vida para seres humanos e animais, cujos habitats estão sendo simultaneamente removidos pela expansão humana. O aquecimento faz os lençóis de gelo da Groenlândia e da Antártida perderem massa e as geleiras colapsarem no oceano, contribuindo para um aumento do nível do mar. Solos árticos, que ficaram congelados por centenas de anos, estão derretendo, potencialmente liberando gases poluentes como o metano e que exacerbam seu aquecimento.

Pronto para queimar

O risco de incêndios é motivado pelas condições climáticas que definem o volume de vegetação seca que gera o fogo. No mundo todo, a causa mais provável dos incêndios têm sido as mudanças climáticas.

MUDANÇA CLIMÁTICA

AUMENTO DA TEMPERATURA DA SUPERFÍCIE

AUMENTO DA SECA DOS SOLOS

DIMINUIÇÃO DA ÁGUA, DO GELO E DA NEVE DA SUPERFÍCIE

MUDANÇA NA EVAPORAÇÃO

MAIS RISCO DE ESTIAGEM

AUMENTO DE CALOR E ONDAS DE CALOR

MAIS RISCO DE INCÊNDIO

RISCO DE FOGO

Incêndios ocorrem naturalmente no sistema climático, mas são amplificados pelo aquecimento global. Temperaturas mais altas secam o solo e a vegetação mais depressa e criam condições ideais para incêndios. Além disso, precipitações reduzidas em áreas secas aumentam ainda mais os riscos de incêndios. Por sua vez, focos de incêndio mais longos e mais intensos pelo mundo liberam quantidades imensas de CO_2, gerando um feedback positivo (ver p. 21) que reforça o aquecimento

AO PÓ VOLTAREMOS

A principal preocupação em regiões quentes é o aumento da desertificação, referente à degradação dos desertos. Os solos nessas regiões áridas são altamente sensíveis a mudanças na umidade. A mudança climática causa distúrbios nos padrões de precipitações; em geral tornam mais áridas as áreas secas e aumentam a frequência de estiagens. Isso levou à expansão das áreas cujo solo não consegue sustentar vegetações, impactando meios de vida e o abastecimento de comida.

> No mundo todo, três bilhões de pessoas vivem em terras secas.

Terras secas
Áreas de terras secas já enfrentam a escassez de água, e sua desertificação está reduzindo campos de cultivo, com impactos econômicos indiretos em algumas das regiões mais desfavorecidas do mundo.

ENCARANDO A EXTINÇÃO

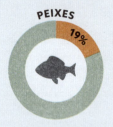

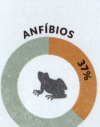

Biodiversidade é a variedade da vida em todas as suas formas. A atividade humana, como a mudança no uso das terras e a poluição, está causando degradação e diminuição dos ecossistemas, reduzindo a quantidade e a variedade das espécies. Os efeitos da mudança climática geram mais pressão sobre essa crise, visto que muitas espécies de plantas e animais se extinguiram ou mudaram de habitat, onde passaram a competir com espécies já estabelecidas.

Espécies sob ameaça
O quadro mostra a porcentagem de espécies avaliadas em cada categoria e classificadas como "ameaçadas" pela União Internacional para Conservação da Natureza (UICN).

FUGINDO DA DESTRUIÇÃO

No mundo todo, espécies estão sendo forçadas a migrar para áreas menores de seus habitats.

Arroteamentos

Atividades humanas, sobretudo o deflorestamento, contribuem imensamente para a destruição de habitats.

SEM LUGAR PARA CHAMAR DE LAR

No mundo todo, a extinção de animais e plantas tem como causa principal a destruição dos habitats. À medida que empreendimentos devastam habitats florestais naturais para abrir caminho para terras agrícolas e cidades, o espaço de ecossistemas diversos diminui. Muitas espécies vivem em nichos habitacionais específicos, amplamente determinados por fatores climáticos como temperatura e precipitação. A mudança climática causa rápidas transformações na distribuição mundial desses nichos, forçando espécies de todo o mundo a migrar ou se adaptar para fugir da morte.

PERDA DE HABITATS | 87

GELO DERRETIDO

Nas regiões polares, os enormes lençóis de gelo da Groenlândia e da Antártida sentem os efeitos. As geleiras, que fluem do interior para os limites costeiros e sobre a água para formar plataformas de gelo, recuam em ritmo recorde. Neste processo, elas despejam imensos volumes de gelo nos oceanos, o que aumenta o nível dos mares (ver p. 96). A expectativa é que futuras perdas de massa da Antártida, onde geleiras de maré são afetadas por correntes oceânicas mais quentes, sejam um dos principais contribuintes para o aumento futuro do nível do mar.

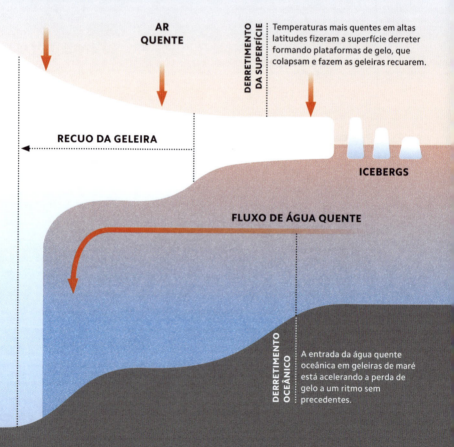

88 | GELEIRAS EM RETIRADA

ANTÁRTIDA OCIDENTAL
A camada de gelo da Antártida Ocidental está aterrada abaixo do nível do mar, o que a torna propícia para um colapso acelerado (ver p. 88).

ANTÁRTIDA
GELEIRA THWAITES

ANTÁRTIDA ORIENTAL
A maior parte do gelo está armazenada na camada de gelo da Antártida Oriental. A maioria desse gelo fica acima do nível do mar e por isso derrete em ritmo mais lento.

Problema em dobro
A Geleira Thwaites, apelidada de Geleira do Fim do Mundo, está derretendo devido a interações com o ar quente e águas quentes oceânicas.

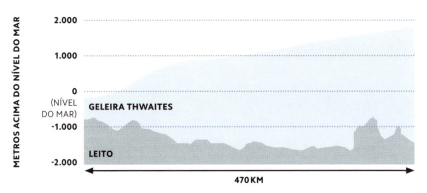

A GELEIRA DO FIM DO MUNDO

A plataforma de gelo na Antártida contém gelo suficiente para aumentar o nível dos mares globais em 58 metros se ela derretesse por completo. Ainda que isso seja improvável, muitas de suas geleiras estão perdendo gelo a um ritmo acelerado. A Geleira Thwaites, na Antártida Ocidental, é especialmente preocupante. O derretimento do gelo em Thwaites já é responsável por mais de 4% do aumento do nível do mar no mundo a cada ano. Se ela derretesse por inteiro, os níveis globais do mar aumentariam 0,65 metros.

PONTO DE FUSÃO

Todo verão, a plataforma de gelo da Groenlândia derrete, e todo inverno a neve que cai se compacta e forma novos gelos. Esse ciclo sazonal de derretimento é normal, mas medições feitas por satélite revelam que a plataforma de gelo está perdendo mais gelo na temporada de derretimento de verão do que consegue repor no inverno. A plataforma da Groenlândia contém água limpa congelada suficiente para, se derretida, aumentar os níveis globais do mar em mais de 7 metros.

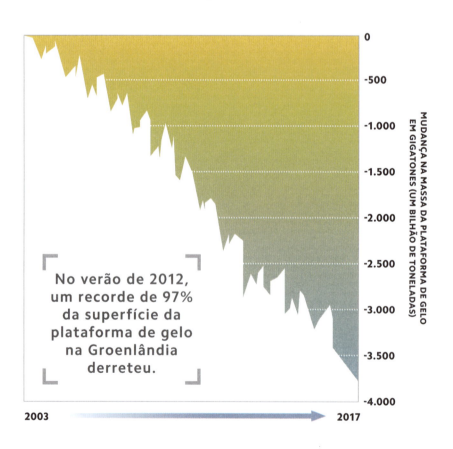

No verão de 2012, um recorde de 97% da superfície da plataforma de gelo na Groenlândia derreteu.

CAMADA DE GELO VITAL

A perda drástica de gelo marinho pode mudar padrões climáticos da atmosfera local. O gelo marinho também é um habitat vital para animais como o urso polar e as focas.

DÉCADAS DE DECLÍNIO

Por conta da diminuição anual da cobertura de gelo no Oceano Ártico, cientistas estão cada vez mais preocupados que os meses de verão comecem a ter um Oceano Ártico sem gelo.

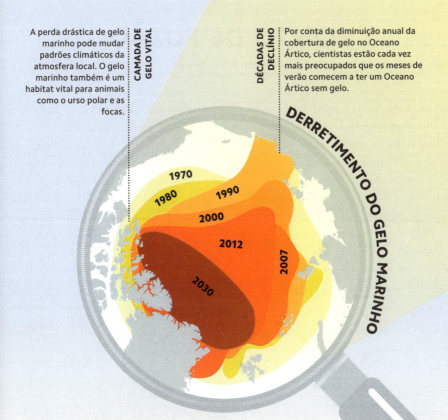

DERRETIMENTO DO GELO MARINHO

VERÃO ÁRTICO

O gelo marinho no Ártico é produzido pelo congelamento das águas oceânicas. A extensão e a espessura do gelo vêm diminuindo a cada década desde que se começou a registrá-los por satélite. O gelo marinho reflete a luz do sol e, conforme o gelo diminui, a superfície mais escura do oceano absorve mais energia e fica mais quente, fechando um ciclo de feedback em que o aumento da temperatura é ampliado e gera mais derretimento de gelo. O resultado é que o Ártico foi a região de toda a Terra que mais ficou quente.

Calor aprisionado
A radiação solar fica aprisionada na atmosfera, causando o aumento das temperaturas da superfície e o descongelamento da calota de gelo.

SOL

SOLO CONGELADO
O aquecimento do ar no Ártico já começou a fazer a calota de gelo derreter em vários locais, o que causou avalanches e mudança em ecossistemas.

A CALOTA SE AQUECE

O GRANDE DEGELO

Calota de gelo é o solo que permanece congelado por dois ou mais anos consecutivos. A maior parte dessa calota de gelo está na Escandinávia, na Sibéria, no Alasca e no norte do Canadá, regiões que estão aquecendo duas vezes mais que a média global. O derretimento dessa camada libera uma abundante matéria orgânica que, uma vez decomposta pela ação de micróbios, acaba soltando gases poluentes na atmosfera. Cientistas estimam que há 1.400 gigatons de carbono aprisionados na calota, quase duas vezes mais do que existe na atmosfera atualmente.

CICLO DE FEEDBACK

Emissões de carbono e metano aumentam o efeito estufa, causando aquecimento e derretimento das calotas.

CARBONO E METANO

O dióxido de carbono (CO_2) e o metano (CH_4) permeiam o solo, passam pela água e são lançados na atmosfera.

CH_4

CO_2

ÁGUA

EMISSÕES

LIBERAÇÃO DE GASES POLUENTES

A matéria orgânica é decomposta por micróbios, produzindo metano e dióxido de carbono.

DECOMPOSIÇÃO

Sob a superfície, a matéria orgânica e os micróbios congelados derretem.

O DERRETIMENTO DAS CALOTAS | 93

EFEIT
NOSOC

OS EANOS

No mundo, os oceanos estão sob ataque de mudanças químicas e físicas. Ainda que a causa principal do aquecimento oceânico seja a luz do sol, as nuvens, o vapor d'água e os gases poluentes também emitem calor, e parte dele é absorvido pela água dos oceanos. Isso contribui com as ondas de calor marítimas e a expansão térmica do oceano, levando a um aumento do nível do mar. Ecossistemas marinhos, como recifes de corais, são ameaçados por altas temperaturas oceânicas e, por essa razão, algumas espécies de peixes já se mudaram para os polos. A acidificação dos oceanos, causada pela dissolução do dióxido de carbono (CO_2) na água, também está prejudicando organismos marinhos.

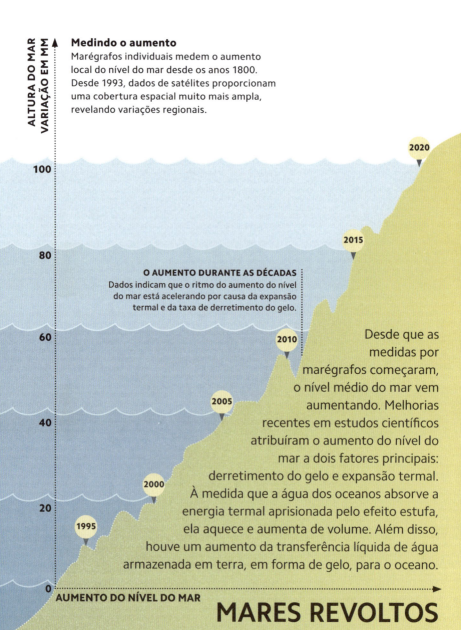

MARES REVOLTOS

Medindo o aumento
Marégrafos individuais medem o aumento local do nível do mar desde os anos 1800. Desde 1993, dados de satélites proporcionam uma cobertura espacial muito mais ampla, revelando variações regionais.

O AUMENTO DURANTE AS DÉCADAS
Dados indicam que o ritmo do aumento do nível do mar está acelerando por causa da expansão termal e da taxa de derretimento do gelo.

Desde que as medidas por marégrafos começaram, o nível médio do mar vem aumentando. Melhorias recentes em estudos científicos atribuíram o aumento do nível do mar a dois fatores principais: derretimento do gelo e expansão termal. À medida que a água dos oceanos absorve a energia termal aprisionada pelo efeito estufa, ela aquece e aumenta de volume. Além disso, houve um aumento da transferência líquida de água armazenada em terra, em forma de gelo, para o oceano.

96 | AUMENTO NO NÍVEL DO MAR

ILHAS SUBMERSAS

5 METROS

156,6 MILHÕES DE DESALOJADOS

O impacto do ritmo atual do aumento no nível do mar será mais devastador nas ilhas mais baixas. Essas nações contribuíram muito pouco em termos de emissões, mas estão enfrentando as consequências mais graves, já que a terra em que se situam corre o risco de desaparecer. Nações como as Maldivas, no Oceano Índico, e Kiribati, no Pacífico, têm muitas ilhas que não ficam a mais de um metro acima do nível do mar.

Ilhas de coral

Em geral, ilhas mais baixas têm como base recifes de corais. O constante movimento sedimentar pelas correntes oceânicas indica que o formato preciso de cada ilha está frequentemente mudando. Cientistas esperam que processos naturais continuem elevando essas ilhas conforme o mar continua a subir.

1 METRO

15 MILHÕES DE DESALOJADOS

PERIGO IMINENTE

Governos de ilhas ameaçadas já estão planejando como realocar suas populações em ilhas vizinhas maiores, já que o ritmo do aumento do nível do mar está acelerado.

NÍVEL DO MAR

O IMPACTO DO AUMENTO DOS NÍVEIS MARÍTIMOS | 97

QUANDO TODO O GELO DERRETEU

Ainda que a altura prevista do aumento do nível do mar possa parecer trivial (ver p. 96-97), a quantidade de pessoas em comunidades litorâneas que ela afetaria seria imensa. Embora não haja previsão de um aumento maior que um metro no nível do mar até 2100, cientistas acreditam que a última vez em que a concentração de CO_2 esteve nos níveis de 2020 o nível do mar estava 20 metros mais alto que agora. Conforme a água sobe, aumenta a probabilidade de inundações perigosas nas principais áreas urbanas. Ressacas já estão causando inundações fatais, e elas serão mais fortes e mais frequentes à medida que o nível do mar aumenta.

Atualmente, 200 milhões de pessoas moram em casas que podem ficar abaixo da linha da maré alta em 2100.

Cidades em risco
Muitas das principais cidades do mundo ficam em áreas litorâneas e um aumento significativo no nível do mar poderia trazer devastação a centros urbanos densamente povoados.

70 M

TERRA PERDIDA: Todo o litoral, ou grande parte dele, poderia ficar inundado para sempre ou ser negativamente impactado pelo avanço da água do mar.

BACIA AMAZÔNICA: Um aumento de setenta metros poderia transformar a Bacia Amazônica em uma enseada do Oceano Atlântico, destruindo imensas áreas de floresta tropical.

● LIMA

AMÉRICA DO SUL

● RIO DE JANEIRO

CIDADES SUBMERSAS: Um aumento de mais de 66 metros poderia fazer as cidades no estuário do Rio da Prata desaparecerem sob as águas.

● BUENOS AIRES ● MONTEVIDÉU

Litorais em mudança

Se todo o gelo do mundo derretesse, o nível do mar poderia subir mais de setenta metros, causando alterações drásticas nos litorais de muitos países. Contudo um aumento como esse aconteceria ao longo de um período muito extenso, dando tempo às nações vulneráveis para se adaptar.

OS LITORAIS DO FUTURO | 99

EFEITO ESTUFA

Gases poluentes retêm calor, que é absorvido pelos oceanos (em azul) e pela atmosfera (em verde).

GASES RETIDOS

MUDANÇA NOS MARES

Os oceanos estão arcando com o ônus da mudança climática induzida pelos humanos. A maioria do excesso de calor retido pelo efeito estufa (ver p. 12) é absorvida pelo oceano como energia. Essa energia é absorvida pela superfície dos oceanos e redistribuída pelas correntes profundas que circulam pelo mundo. Isso significa que o calor retido pelos gases poluentes já atingiu as profundezas dos oceanos e as correntes mais frias da Antártida.

OCEANOS ABSORVEM 90% DO EXCESSO DE CALOR DOS GASES POLUENTES

Medindo a temperatura

Medir o calor armazenado nos oceanos é um desafio técnico em que a medição é feita sobretudo por boias especialmente projetadas que permanecem à deriva, afundando e subindo à tona para registrar temperaturas de profundidades variadas.

A ATMOSFERA ABSORVE CALOR

Só 10% do calor excessivo do efeito estufa é absorvido pela atmosfera. Isso causa mudanças na temperatura do ar.

100 | OCEANOS MAIS QUENTES

VAZAMENTO FATAL DE ÓLEO

O vazamento de petróleo no Golfo do Alasca foi um dos maiores derramamentos de óleo da história. Ele devastou a vida selvagem local e recrutou a ajuda de onze mil residentes para limpar o lugar.

CALOR PERIGOSO

Um dos impactos mais extremos do aumento da temperatura dos oceanos são as ondas de calor marinhas. Elas ocorrem quando a temperatura oceânica fica acima da faixa sazonal típica por um período prolongado – em geral, cinco dias consecutivos. Eventos extremos como esse pressionam ecossistemas marítimos e comunidades humanas que dependem deles. Desde o advento do aquecimento global causado por seres humanos, a probabilidade de grandes ondas de calor marinhas em áreas suscetíveis aumentou vinte vezes.

ONDA DE CALOR MATADORA

No Golfo do Alasca, uma onda de calor sem precedentes reduziu a quantidade e a qualidade de filoplânctons. Isso perturbou a teia alimentar, fazendo muitos organismos marinhos, como aves do mar, morrerem em grandes quantidades. O dano a esse ecossistema superou o do derramamento devastador de petróleo que ocorreu anos antes.

DERRAMAMENTO DE ÓLEO DO EXXON VALDEZ (1988)

ESTIMA-SE QUE 600 MIL AVES MARINHAS MORRERAM

ESTIMA-SE QUE 1 MILHÃO DE AVES MARINHAS MORRERAM

ONDA DE CALOR NO GOLFO DO ALASCA (2016–2019)

ONDAS DE CALOR MARÍTIMAS | 101

NÍVEIS ELEVADOS DE CO_2

3 MM DE AUMENTO NO NÍVEL DO MAR A CADA ANO

1–7% DE REDUÇÃO NO CONTEÚDO DE OXIGÊNIO EM 2100

REDUÇÃO NA MISTURA DE OCEANOS IMPÕE DESAFIOS ADAPTATIVOS À VIDA MARINHA

50% DE POTENCIAL DECLÍNIO EM PESCAS ANUAIS

Anomalia marinha
O efeito da mudança climática está modificando drasticamente a condição dos oceanos, tornando a vida muito mais difícil para várias espécies e também para as pessoas cuja subsistência depende dos oceanos.

ECOSSISTEMA EM PERIGO DE EXTINÇÃO

Entre as espécies marinhas afetadas pelo impacto da mudança climática estão os plânctons – a base das cadeias alimentares marítimas –, corais, peixes, ursos polares, morsas, leões-marinhos, pinguins e outras aves marinhas. A redução de uma única espécie gera implicações para o restante do ecossistema e prevê-se que a mudança climática e seus efeitos aumentem e causem ainda mais pressão sob a fauna marinha. Ela pode, inclusive, causar a extinção de espécies já sob estresse por causa de fatores como a pesca excessiva e a perda de habitats.

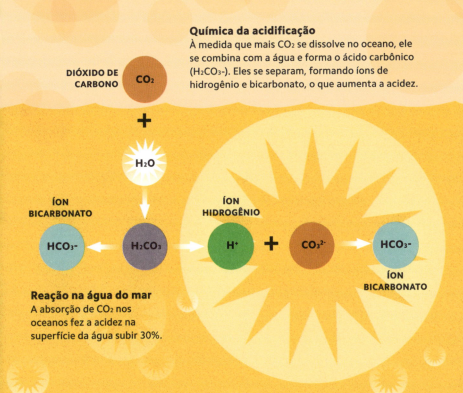

Química da acidificação
À medida que mais CO_2 se dissolve no oceano, ele se combina com a água e forma o ácido carbônico ($H_2CO_3^-$). Eles se separam, formando íons de hidrogênio e bicarbonato, o que aumenta a acidez.

Reação na água do mar
A absorção de CO_2 nos oceanos fez a acidez na superfície da água subir 30%.

ROLOU UMA QUÍMICA (RUIM)

Além de energia, o oceano absorve dióxido de carbono (CO_2) diretamente da atmosfera. À medida que o CO_2 é adicionado à atmosfera, o oceano absorve cerca de 30% dele. O aumento de CO_2 no oceano reduz o valor do pH da água, estimulando a acidificação oceânica. Muitos organismos marinhos, como corais e moluscos, constroem suas conchas usando íons de carbonato, cuja concentração é reduzida pela acidificação do oceano. Só um número pequeno de organismos, como algas marinhas, se beneficiam do aumento da acidez.

RECIFES SOB AMEAÇA

Causado por temperaturas oceânicas excessivamente quentes (ver p. 100), o branqueamento de corais ocorre quando corais estressados expelem as algas coloridas que moram dentro deles. O coral consegue sobreviver a um evento de branqueamento, mas se o estresse pelo calor se prolonga o coral morre, e o ecossistema que depende dele muitas vezes entra em colapso. O branqueamento fatal de corais é um dos perigos mais imediatos da mudança climática, com a morte de 50% da Grande Barreira de Corais desde 2016.

EMBRANQUECIMENTO

Quando exposto ao estresse do calor, o coral expele suas algas (zooxantela), adquirindo um tom branco puro. Nessa etapa, o coral ainda pode se recuperar.

MORTO E DECADENTE

Sem as algas, o coral não consegue se alimentar. Se isso se prolonga, ele morre e, por fim, cai. Como resultado, organismos de recifes de corais perdem permanentemente seu habitat.

ALGAS EXPELIDAS

Servidos?
Mais de 380 milhões de toneladas de plástico são produzidas anualmente. Dessa quantia, mais de 13 milhões de toneladas chegam aos oceanos a cada ano.

PLÁSTICO DESCARTADO

RESÍDUOS PLÁSTICOS
Estima-se que 80% dos plásticos nos oceanos foram usados no continente. Acredita-se que o restante seja de dejetos de navios.

ANIMAIS PREJUDICADOS
O plástico nos oceanos causa danos imensos ao ecossistema marinho, já que os animais podem ingerir o plástico ou ser estrangulados ou sufocados.

A poluição plástica nos oceanos é um problema crescente desde os anos 1950. Um volume enorme de plástico encontrou caminho rumo aos oceanos, e, por ser um material não biodegradável, permanece indefinidamente em circulação. A maioria chega aos oceanos como consequência de métodos ineficientes de descarte que fazem com que itens de plástico de todos os tamanhos acabem no oceano, causando riscos à vida marinha.

CADEIA ALIMENTAR

SOPA DE PLÁSTICO

POLUIÇÃO PLÁSTICA | 105

CUST
HUMA

ONO

Os impactos da mudança climática não estão divididos igualmente. Em todo lugar as frágeis relações entre seres humanos e a terra que cultivam e que habitam encaram desafios crescentes. Entretanto as populações que enfrentam as maiores ameaças geralmente são as que vivem nos países menos abastados e que menos contribuíram com as emissões de gases poluentes. À medida que a mudança climática piora desastres naturais, espera-se que as populações migrem de centros de foco, gerando desafios políticos. Segurança alimentar e de água potável são as ameaças mais imediatas, uma vez que sistemas agrícolas são vilipendiados pela escassez e temperaturas extremas e os ecossistemas oceânicos colapsam.

O GOLPE MAIS DURO

Os impactos da mudança climática não se distribuem igualmente. Em muitos casos, pessoas que moram em países que contribuíram com a menor parte de emissões são as que, historicamente, enfrentam os impactos mais graves da mudança climática. Por exemplo, muitas das nações mais vulneráveis ao aumento do nível dos mares, tempestades mais fortes e ondas de calor fatais são países pequenos ou ilhas nos trópicos. Em contraste, populações que levam vidas abundantes e de altas emissões muitas vezes são menos suscetíveis aos efeitos imediatos da mudança climática.

PORTO RICO

MOÇAMBIQUE

TAILÂNDIA

FILIPINAS

BAHAMAS

Os menos protegidos
Essas dez regiões foram classificadas como as mais afetadas por eventos climáticos extremos de 2000 a 2019. Por causa dos altos custos elas não podem lançar mão das mesmas medidas de proteção em larga escala disponíveis aos países de renda mais alta.

MYANMAR

PAQUISTÃO

NEPAL

HAITI

BANGLADESH

108 | DESIGUALDADES CLIMÁTICAS

ÁFRICA SUBSAARIANA

86 MILHÕES

AMÉRICA CENTRAL E AMÉRICA DO SUL

17 MILHÕES

ÁSIA MERIDIONAL

40 MILHÕES

Obrigados a sair de casa
Se a mudança climática continuar implacável, em 2050 pode haver mais de 143 milhões de migrantes climáticos internos nessas três regiões.

DESLOCADOS POR DESASTRES

Conforme estresses climáticos vão dificultando a vida humana, a migração de áreas afetadas e muitas vezes dependentes da agricultura se torna uma consequência provável da mudança climática. Mesmo que atribuir uma causa sólida à redistribuição das populações humanas dentro de uma região seja difícil, a expectativa é que as condições de vida piorem gradualmente em regiões que sofrem ondas de calor e em áreas litorâneas suscetíveis ao aumento do nível do mar. Esses fatores, aliados à crescente intensidade de desastres naturais (ver p. 75), provocarão o aumento das migrações climáticas.

VARIAÇÃO DE PRECIPITAÇÕES

AUMENTO DA UMIDADE

AUMENTO DAS TEMPERATURAS

CLIMA EXTREMO

Mosquitos em movimento
Na África Subsaariana, mosquitos são o principal organismo portador de doenças. A troca de habitats causada pela mudança climática pode levá-los para novas áreas, fazendo a malária se espalhar.

ALASTRAMENTO DE DOENÇAS

Surtos de doenças provocados pela mudança climática são uma fonte imensa de preocupação. Uma das principais fontes de patógenos desconhecidos transmitidos para seres humanos é o contato próximo com animais selvagens. À medida que a mudança climática modifica a distribuição de muitas espécies animais (ver p. 87), o risco de transmissão de doenças de populações animais que carregam carrapatos ou insetos que picam humanos pode aumentar. Conforme a mudança climática move esses organismos, as doenças que eles carregam se espalham.

MESA FARTA
(SÓ QUE NÃO)

MENOS CARNE VERMELHA

Algumas mudanças na dieta, como redução do consumo de carne vermelha, podem resultar em menos mortes.

É importante avaliar o impacto da mudança climática nas dietas no mundo todo, sobretudo para crianças nas regiões menos favorecidas. Uma dieta nutritiva e balanceada é a chave para a boa saúde, especialmente nos três primeiros anos de vida. Suprimentos agrícolas já estão vulneráveis a eventos climáticos extremos e devem piorar à medida que o planeta aquece. Variações de longo prazo nas precipitações e temperaturas definem a queda do rendimento das colheitas e aumentam os preços, ameaçando a segurança alimentar (ver p. 112).

MENOS FRUTAS E VEGETAIS
Menos frutas frescas e vegetais nutritivos na dieta será uma causa significativa de morte nas próximas décadas.

> A mudança climática pode aumentar o risco de fome e má nutrição para mais de 20% em 2050.

MÁ NUTRIÇÃO | 111

Acesso para todos
O sistema de produção de comida sustenta financeiramente mais de um bilhão de pessoas. Muitas delas correm o risco de ter seu sustento econômico e sua fonte de alimento colapsados ao mesmo tempo.

DISPONIBILIDADE DE ALIMENTOS
Mudanças no clima de uma região, como alterações no início da primavera ou nos padrões de precipitações, podem prejudicar a capacidade dessa região de cultivar o próprio alimento, tornando-a dependente da compra de comida de outros países.

A LUTA POR COMIDA

Segurança alimentar é a medida da disponibilidade de comida suficiente e nutritiva em um país ou região. Insegurança alimentar é uma das consequências mais diretas da mudança climática. O Painel Intergovernamental sobre Mudanças Climáticas (IPCC) acredita que a mudança climática já está reduzindo a segurança alimentar em várias regiões. Áreas de cultivo pelo Equador têm sido especialmente vulneráveis a estresses pluviais e de temperatura, resultando em colheitas menos rentáveis e aumento de preços.

UM MUNDO COM SEDE

NO FIM

Rios são fontes de água limpa para bilhões de pessoas. Se os padrões das precipitações mudarem e a descarga fluvial diminuir, essas populações sofrerão escassez de água.

Fonte de água limpa
Boa parte da água limpa do mundo está armazenada em geleiras remotas e gelos, e não está disponível para consumo.

LENÇÓIS FREÁTICOS

Lençóis freáticos são a fonte de 50% da água doméstica, mas são difíceis de monitorar e um recurso desafiador para administrar.

SÓ 2,5% DA ÁGUA NA TERRA É ÁGUA POTÁVEL

A mudança climática está impulsionando o ciclo da água, o que significa que secas e inundações estão se tornando mais frequentes. Com isso, algumas populações humanas ficarão sob estresse de segurança hídrica reduzida. Secas e desertificações em terras secas continuarão a aumentar, removendo os suprimentos de lençóis freáticos. Até 2050, supõe-se que, no mundo todo, 3 bilhões de pessoas estarão vivendo em regiões com escassez. Em áreas litorâneas, o aumento do risco de enchentes aumenta a contaminação de recursos vitais de água potável.

ESCASSEZ DE ÁGUA POTÁVEL | 113

SOLU
EMLA
ESCA

ÇÕES
RGA
LA

Remediar a mudança climática significa encontrar novas fontes de energia e reduzir a zero as emissões de gases poluentes (ver p. 36-37). Para isso, são necessárias mudanças em larga escala em todos os setores, desde o transporte até a agricultura. Inovações em tecnologia e design, mudanças nas políticas públicas e o uso crescente de eletricidade renovável são apenas o começo. Atingir esses objetivos requer soluções globais e cooperação internacional. Os países mais ricos também podem oferecer financiamento climático para que os mais pobres – muitas vezes os mais atingidos – possam se adaptar às mudanças que já estão acontecendo.

A UNIÃO FAZ A FORÇA

- INICIATIVAS DE ADAPTAÇÃO
- MAIS TRANSPARÊNCIA
- EMISSÕES LÍQUIDAS ZERO
- FINANCIAMENTO CLIMÁTICO
- FORTALECIMENTO DE AÇÕES CLIMÁTICAS

"Pedimos ambição sólida... Paris reagiu. Agora, o trabalho é uma responsabilidade compartilhada."
Jim Yong Kim

Enfrentar um desastre climático mundial requer que todos os países se comprometam com metas e ações globais, como as do Acordo Climático de Paris (2016). O objetivo desse acordo climático é limitar o aquecimento global para "bem abaixo" de 2°C. Ele também destaca a necessidade de adaptação – reduzir os efeitos atuais e futuros da mudança climática, especialmente para grupos vulneráveis – e de financiamento climático – em que nações mais ricas financiam países com menos recursos para reagir aos impactos climáticos.

EQUILIBRANDO OS LADOS DA BALANÇA

A mudança climática afeta a todos, mas não da mesma maneira. Países mais pobres – os menos responsáveis pelas emissões – são os mais atingidos pela mudança climática, e povos marginalizados muitas vezes ficam na linha de frente da destruição ambiental. A meta da justiça climática é abordar esses desequilíbrios por meio de medidas variadas. Elas abrangem desde levar os responsáveis pelas emissões que danificam o clima ao tribunal até a transferência de dinheiro das nações ricas para países mais pobres, a fim de apoiá-los.

NAÇÕES MAIS POBRES

NAÇÕES MAIS RICAS

Carregando o fardo
Nações menos abastadas podem sofrer impactos maiores sem receber parte da renda produzida pelas indústrias poluentes.

Evitando os efeitos
Países abastados influenciam mais na mudança climática, mas muitos não enfrentam os mesmos impactos que nações mais pobres enfrentam.

CRESCIMENTO DE BAIXO CARBONO

Até pouco tempo, o crescimento econômico era intrinsecamente vinculado ao aumento das emissões de CO_2. Uma medida recente da intensidade das emissões globais revela que 768 gramas de CO_2 são emitidos para cada dólar norte-americano de PIB gerado. Algumas nações exibem taxas consideravelmente reduzidas (no Japão, por exemplo, a intensidade das emissões é de 244 gramas por 1 dólar norte-americano), mas é necessária uma dissociação muito maior entre emissões e aumento no mundo todo para atender às metas futuras e ao mesmo tempo preservar a prosperidade das populações crescentes.

CRESCIMENTO ECONÔMICO GLOBAL

REDUÇÃO NAS EMISSÕES DE CO_2

Caminhos diferentes
O objetivo da dissociação absoluta é testemunhar uma queda nas emissões de gases poluentes ainda que a economia continue crescendo.

"Não existe contradição entre sustentabilidade e crescimento econômico."
Valdis Dombrovskis

Carbono capturado
O CO_2 precisa ser capturado ou removido ativamente da atmosfera para reduzir a intensidade carbonífera da produção energética e industrial.

Em vez de liberar o gás CO_2 produzido pela indústria, ele pode ser capturado na fonte.

O CO_2 capturado é transformado em líquido e em seguida bombeado para armazenamento no subsolo.

O CO_2 é armazenado no subsolo em uma forma inerte que não pode ser lançada na atmosfera.

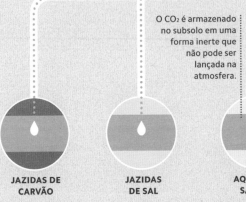
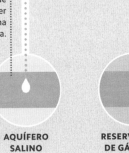

JAZIDAS DE CARVÃO   JAZIDAS DE SAL   AQUÍFERO SALINO   RESERVATÓRIOS DE GÁS E ÓLEO ESGOTADOS

ARMAZENAMENTO PROFUNDO

Tecnologias de captura de carbono prometem redução significativa nas emissões atmosféricas de CO2 por meio da captura pós-combustão desse gás. O CO2 é liquefeito, transportado e injetado no fundo do subsolo em locais apropriados, como aquíferos salinos ou reservatórios de óleo esgotados. Atualmente há poucos sistemas de captura e armazenamento de carbono (CCS, na sigla em inglês) em funcionamento. Considerando a escala dos sistemas de produção industrial e energético atuais, é muito provável que, mesmo com a descarbonização acelerada, haja necessidade de o CCS ser zerado (ver p. 36-37).

CAPTURA DE CARBONO | 119

DEFININDO LIMITES SEGUROS

NOVOS RISCOS

São elementos humanos, como material radioativo, que poderiam oferecer riscos mundiais. Esses riscos ainda não foram avaliados.

NOVOS ELEMENTOS

DESTRUIÇÃO DO OZÔNIO ESTRATOSFÉRICO

CARGA DE AEROSOL ATMOSFÉRICO

A estrutura dos Limites Planetários é uma nova visão dos desafios enfrentados pelas pessoas e pela Terra, proposta por uma equipe de 28 cientistas em 2009. Cada limite tem definições claras, como preservar 90% da biodiversidade ou manter as concentrações de CO_2 atmosférico abaixo de 350 ppm (partes por milhão), além de oferecer um espaço seguro em que a humanidade possa subsistir e, ao mesmo tempo, manter intactos os sistemas do planeta. Ultrapassar qualquer limite, como a taxa atual de CO_2 de 410 ppm, aumenta o risco de mudanças ambientais de larga escala, muitas potencialmente irreversíveis.

> **"Agora precisamos reconectar o mundo todo ao planeta."**
> Johan Rockström

Nove limites
A estrutura dos Limites Planetários identifica nove "limites" e os potenciais danos ao ultrapassar qualquer um deles.

FECHANDO O CICLO

O modelo linear tradicional de produção-uso-descarte (também conhecido como extrair-produzir-jogar fora) é cada vez mais desafiado pelo conceito de uma economia circular. No modelo circular, o crescimento não depende do consumo de recursos que acabarão se esgotando. Ele envolve três princípios-base: ecodesign para um design sem resíduos, emissões de gases poluentes e outros tipos de poluição; manter produtos, materiais e componentes em uso e circulando na economia por meio de reparo, reuso, reciclagem e redistribuição; e um compromisso firme com a preservação e a regeneração dos sistemas naturais.

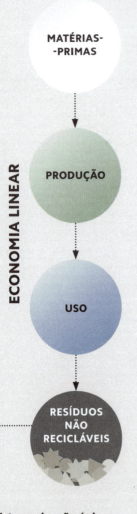

PROBLEMA DE RESÍDUOS
A quantidade de resíduos gerados por séculos de desenvolvimento econômico levou à mudança climática, poluição e a amplos danos ao ecossistema.

Sistema de mão única
Uma economia linear extrai recursos e os usa, muitas vezes, gerando poluição em grandes quantidades e resíduos em todas as etapas do ciclo de vida de um produto.

MATÉRIAS-PRIMAS

RECICLAGEM

PRODUÇÃO

"A única maneira de isso funcionar é se a sustentabilidade, o pensamento circular e o fechamento do ciclo forem aplicáveis a todos. Não se trata apenas de luxo para os ricos."

Wayne Visser

USO

ECONOMIA CIRCULAR

Limitando os resíduos

Em uma economia circular, a necessidade de matérias-primas é extremamente reduzida, e qualquer resíduo é tratado como um novo recurso para realimentar a economia.

RECURSO PRECIOSO

A escassez de água potável mostrou a necessidade de criar uma tecnologia aprimorada de gestão desse recurso, como dessalinização em pequena escala, além de tratamento e purificação não poluentes e energeticamente eficientes de águas residuais.

CORTANDO EMISSÕES

O transporte de pessoas e mercadorias contribui imensamente com emissões de carbono, mas o uso crescente de veículos movidos a eletricidade e biocombustíveis está ajudando a reduzir a dependência de combustíveis fósseis.

PRODUTOS VERDES

A ciência de materiais está tentando criar produtos que envolvam menos processos produtores de poluentes e fiquem fora do fluxo de resíduos por mais tempo – por serem mais duráveis – ou, se descartados, que sejam 100% recicláveis.

TRANSPORTE LIMPO

ÁGUA LIMPA

MATERIAIS LIMPOS

124 | O ADVENTO DA TECNOLOGIA LIMPA

LIMPANDO NOSSAS TECNOLOGIAS

Tecnologia limpa é um setor vagamente definido envolvendo produtos, processos e serviços que reduzem impactos ambientais negativos – desde melhor tratamento de águas residuais até novos biocombustíveis ou técnicas de reciclagem. O crescimento de áreas como energia solar e eólica, eficiência energética e transportes ecológicos presenciaram uma enorme expansão do setor de tecnologia limpa. Além disso, existem muitas formas da tecnologia limpa ser uma etapa intermediária no consumo menos nocivo ao ambiente. Por exemplo, a desmaterialização das latas de bebidas levou a uma redução do uso de alumínio e alguns produtos digitais substituíram produtos físicos.

ENERGIA LIMPA

LIMPO E EFICIENTE

Grandes avanços já foram feitos para desenvolver fontes renováveis de energia e tornar tecnologias já existentes mais eficientes em termos energéticos e menos poluentes.

Ferramentas para sobreviver

A tecnologia limpa pode fazer grande diferença no combate à mudança climática, desde usar melhor os recursos até diminuir ou eliminar resíduos e emissões de gases poluentes.

DESIGN ECOLÓGICO

O consumo energético e as emissões de gases poluentes podem ser reduzidos aperfeiçoando a eficiência do uso de energia e da produção de materiais. Entre as práticas estão a redução de resíduos, o design de produtos mais inteligentes e o uso de metais reciclados que requerem de 60% a 90% menos intensidade energética que a produção primária de minerais metálicos. Eficiências energéticas incluem melhor isolamento e ventilação para reduzir o AVAC (Aquecimento, Ventilação e Ar-Condicionado), iluminação inteligente e veículos mais econômicos resultantes de aerodinâmica aprimorada, design de motor e redução de peso.

> "Eficiência energética é um nivelador importante na redução de emissões de CO_2 em todas as partes da cadeia energética, desde a produção de recursos até o consumo final."
>
> Joe Kaeser

MAIS EFICIÊNCIAS | 127

> "As respostas a como viver no planeta de forma sustentável estão à nossa volta."
> Janine Benyus

Gerando a mudança
O consumo mundial de energia não está diminuindo, mas mudar para tecnologias mais limpas e mais eficientes pode ajudar a mitigar a mudança climática.

UMA NOVA ONDA DE INOVAÇÃO

O uso de energias renováveis está disparando à medida que tecnologias se aprimoram e sociedades começam a deixar os combustíveis fósseis para trás. De fato, a projeção é que a combinação de eletricidade solar (ver p. 129) e eólica (ver p. 132) supere a de carvão e gás em 2024. As renováveis são um desafio para as redes de distribuição de eletricidade por causa do suprimento intermitente. Entretanto elas também permitem ampla produção. Isso poderia levar eletricidade a regiões sem rede elétrica, abandonando efetivamente os combustíveis fósseis.

ENERGIA VERDE DO SOL

Sistemas fotovoltaicos produzem eletricidade a partir do sol – a fonte de energia de praticamente toda a vida. Em algumas partes do mundo, a energia solar provê a eletricidade mais barata de toda a história. Os painéis podem ser instalados em qualquer lugar, de janelas a pavimentos rodoviários, e podem ser integrados em quase todos os locais sem exigir uso do solo em larga escala. Outras tecnologias focam os raios de sol para produzir calor. Em pequenas escalas, pode até cozinhar alimentos, mas em escalas amplas pode gerar calor acima de 1000°C.

SEMICONDUTOR TIPO N

SEMICONDUTOR TIPO P

Movido a fótons

Quando partículas leves (fótons) atingem um painel fotovoltaico, a energia dos fótons libera elétrons no painel, permitindo que eles fluam através de um circuito.

CARGAS NEGATIVAS

JUNÇÃO

CAMPO ELÉTRICO

CARGAS POSITIVAS

ELÉTRONS

Elétrons têm carga negativa.

BURACOS

A ausência de um elétron (chamado buraco) tem carga positiva e atrai elétrons livres.

CAMPO ELÉTRICO

A luz atinge o painel e atravessa suas camadas, cria um campo elétrico e gera corrente ao separar as cargas negativas e positivas.

ENERGIA SOLAR | 129

FISSÃO NUCLEAR

Cerca de 450 reatores nucleares em trinta países produzem um décimo da eletricidade mundial. Isso envolve fissão atômica (separação do núcleo dos átomos para liberar energia) de pequenas quantidades de combustível de urânio enriquecido. O processo fornece eletricidade segura e com baixo teor de carbono nas emissões, a maioria da mineração, processamento e transporte de urânio. A desconfiança pública aliada a desastres, o custo da desativação de reatores antigos e os desafios de armazenar resíduos radioativos interrompeu ou reverteu o aumento da energia nuclear em muitos países.

NÃO É NEUTRO EM CARBONO
Usinas nucleares causam pouco impacto no clima com a geração energética em si, mas não são consideradas neutras em carbono devido à mineração e ao processamento do urânio.

RESÍDUOS RADIOATIVOS
Resíduos nucleares permanecem radioativos por milhares de anos, dificultando o descarte seguro.

TORRE DE PROBLEMAS
É preciso cerca de catorze a quinze anos para construir uma usina de geração nuclear, e os custos da construção e da desativação de uma usina ainda são muito altos.

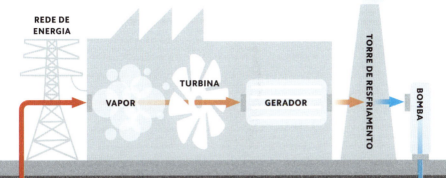

REDE DE ENERGIA • **VAPOR** • **TURBINA** • **GERADOR** • **TORRE DE RESFRIAMENTO** • **BOMBA**

NO SUBSOLO

A ÁGUA QUENTE É BOMBEADA PARA CIMA

A ÁGUA FRIA É BOMBEADA PARA BAIXO

Vapor quente
A água fria é bombeada bem abaixo da superfície, onde rochas quentes aquecem a água e criam vapor. Água e vapor retornam à superfície em tubulações para impulsionar as turbinas na usina de energia.

Segura e renovável, usar a energia do calor no subsolo para gerar eletricidade produz a quantia ínfima de um vigésimo das emissões de carbono de uma usina energética de combustíveis fósseis. A Islândia gera 27% dessa eletricidade usando energia geotérmica – apenas um entre vários países, incluindo Nova Zelândia, Quênia e Filipinas, onde é usada em grandes quantidades. Entre os obstáculos à ampla adoção estão os altos custos iniciais, limitações em relação a locais apropriados e questões relacionadas ao aumento da frequência de terremotos causada por operações geotérmicas.

GRANITO QUENTE

ENERGIA GEOTÉRMICA | 131

A ENERGIA ESTÁ NO AR

Seres humanos vêm usando moinhos há mais de um milênio, aproveitando a potência de ventos predominantes para executar tarefas como bombeamento de água de poços ou moagem de farinha. Agora, essa tecnologia está produzindo eletricidade. É possível construir turbinas eólicas em terra ou em alto-mar, onde o vento é mais rápido e mais constante. Algumas das turbinas de hoje são gigantes – quase da altura da Torre Eiffel – e capazes de abastecer milhares de casas.

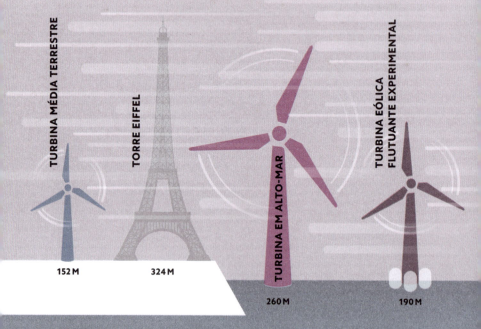

Capacidade crescente
Avanços tecnológicos indicam que as turbinas eólicas estão ficando maiores e mais eficientes. A capacidade em alto-mar continua crescendo, enquanto a terrestre diminuiu porque ficou mais difícil achar novos locais.

132 | ENERGIA EÓLICA

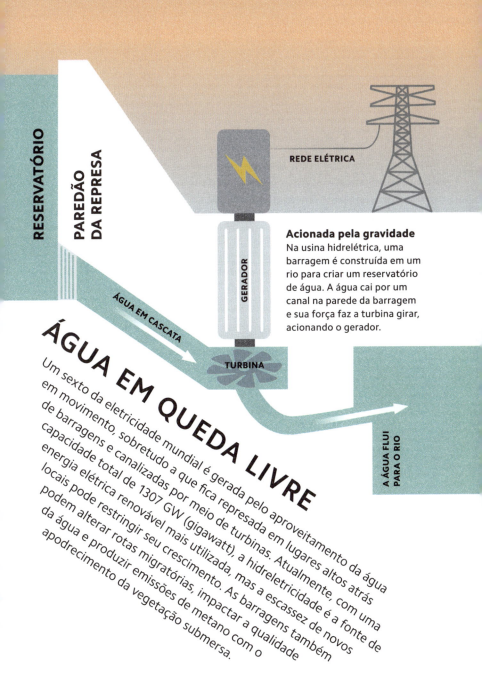

ÁGUA EM QUEDA LIVRE

Um sexto da eletricidade mundial é gerada pelo aproveitamento da água em movimento, sobretudo a que fica represada em lugares altos atrás de barragens e canalizadas por meio de turbinas. Atualmente, com uma capacidade total de 1307 GW (gigawatt), a hidreletricidade é a fonte de energia elétrica renovável mais utilizada, mas a escassez de novos locais pode restringir seu crescimento. As barragens também podem alterar rotas migratórias, impactar a qualidade da água e produzir emissões de metano com o apodrecimento da vegetação submersa.

Acionada pela gravidade
Na usina hidrelétrica, uma barragem é construída em um rio para criar um reservatório de água. A água cai por um canal na parede da barragem e sua força faz a turbina girar, acionando o gerador.

REPRESAS HIDRELÉTRICAS | 133

SEÇÕES ARTICULADAS

MOVIMENTO CONSTANTE
É possível colocar atenuadores em áreas onde o oceano se move o tempo todo, criando uma fonte firme de energia cinética.

AÇÃO HIDRÁULICA
Seções flutuantes são conectadas por dutos hidráulicos. O movimento das ondas bombeia óleo em alta pressão através do motor, que impulsiona o gerador e produz eletricidade.

Atenuador
O dispositivo que gera eletricidade a partir do movimento das ondas é o atenuador. Ele retransmite a energia até a costa por meio de um cabo que percorre o solo oceânico.

MOTOR

GERADOR

CABO DE AÇO

ENERGIA DO MAR

Geradas por ventos que sacodem a superfície oceânica, as ondas são um enorme potencial inaproveitado. Dispositivos variados – flutuantes, submersos ou localizados na costa –, podem transformar a energia cinética das ondas em eletricidade, mas produzir aparelhos em escala comercial que funcionem num ambiente inóspito e inconstante ainda é um desafio. Porém, as recompensas podem ser significativas. Estima-se que nas ondas das águas litorâneas norte-americanas, por exemplo, é possível gerar 2,64 trilhões kWh (kilowatts-hora) de eletricidade – o equivalente a 64% da demanda nos Estados Unidos em 2019.

134 | O PODER DAS ONDAS

ALTOS E BAIXOS

Livres de carbono e renováveis, mas uma potencial ameaça a ecossistemas estuarinos, barragens de marés em bacias e lagoas exploram o fluxo previsível de água em marés altas e baixas. A água passa por comportas e gira as turbinas. Esse procedimento é raramente adotado pelos custos elevados de construção, da intermitência das marés e dos impactos ambientais, como a redução da salinidade e a criação de barreiras físicas que restringem o movimento livre das espécies marinhas. Entre as alternativas às barragens estão turbinas individuais em feixes de marés de fluxo rápido.

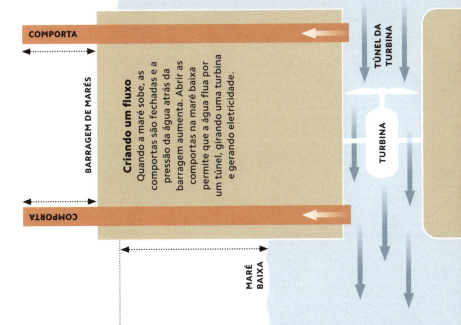

ALTA PRESSÃO
As comportas armazenam água no nível da maré alta, o que gera pressão no paredão da barragem enquanto a água do outro lado retrocede com a maré.

MARÉ ALTA

COMPORTA

BARRAGEM DE MARÉS

Criando um fluxo
Quando a maré sobe, as comportas são fechadas e a pressão da água atrás da barragem aumenta. Abrir as comportas na maré baixa permite que a água flua por um túnel, girando uma turbina e gerando eletricidade.

COMPORTA

TÚNEL DA TURBINA

TURBINA

MARÉ BAIXA

A ENERGIA DAS MARÉS | 135

ABSORÇÃO DE CARBONO (FIXAÇÃO)

EM SE PLANTANDO, TUDO DÁ

O ritmo do desmatamento líquido (ver p. 52) diminuiu, em parte devido a iniciativas que ou reabastecem florestas já existentes (reflorestamento) ou criam novas coberturas florestais (arborização). Entre os múltiplos benefícios – desde combater a erosão do solo até criar empregos – está o papel vital das florestas em expansão como repositórios de carbono. As árvores armazenam o carbono capturando o CO_2 atmosférico e o transformam em biomassa. Entretanto é preciso milhões de hectares de árvores novas para um impacto significativo nos níveis de CO_2 atmosférico.

O_2

Esponja de carbono
Cerca de 20% a 30% da biomassa de uma árvore é subterrânea, em seu sistema radicular de ancoragem e fornecimento de água e nutrientes. O sistema radicular armazena a maior parte do carbono extraído pela árvore da atmosfera.

LIBERAÇÃO DE OXIGÊNIO
Durante a fotossíntese, as plantas combinam dióxido de carbono e água para fabricar glicose. O produto residual desse processo é o oxigênio.

PARTE DO CICLO DE CARBONO
As raízes liberam no solo compostos contendo carbono, assim como a decomposição de raízes mortas. Em seguida, um pouco de carbono é liberado do solo para a atmosfera.

NUTRIR A NATUREZA

Muitos ecossistemas podem se recuperar após serem desarranjados e destruídos por forças naturais, como inundações, ou pelo impacto humano, como exploração madeireira, pastoreio excessivo ou poluição. Métodos para ajudar a alavancar ou acelerar a recuperação podem envolver a excluir a causa da destruição, limpeza e replantação, além da reintrodução das espécies perdidas. Em alguns casos, as condições se modificaram demais para a reversão e um ecossistema diferente é criado e administrado.

Uma mãozinha para a natureza
Remover fontes poluentes, enriquecer solos esgotados e replantar árvores nativas importantes e espécies vegetais podem incentivar a recuperação de um ecossistema degradado.

Com o tempo, uma paisagem cuidadosamente recuperada pode atrair um leque de espécies e produzir um ecossistema vibrante.

RECOMEÇO

RECUPERANDO UM HÁBITAT

PLANTAS

INSETOS

AVES

ÁRVORES

ANIMAIS

RECUPERAR A NATUREZA | 137

ENFRENTANDO O AUMENTO

O nível dos mares está subindo, colocando em risco milhares de comunidades. É uma crise que demanda atitudes regulatórias, como mudança no uso da terra, e atitudes estruturais, como a construção de estruturas rígidas (paredes marítimas de concreto ou diques) ou estruturas leves (niveladores ou dunas). Aumentos significativos no nível do mar podem originar zonas proibidas para construção em áreas de risco elevado ou mesmo o abandono de regiões costeiras para terras mais altas.

AUMENTO DO NÍVEL DO MAR

PROTEGER

RECUPERAR

NOVAS CONSTRUÇÕES
Pode-se recuperar a terra da elevação do nível do mar criando-se terrenos mais altos para novas moradias.

ADAPTAR

ACOMODAÇÕES
Entre as adaptações para o aumento do nível do mar estão construir imóveis sobre pilastras e cultivar plantações tolerantes ao sal.

RECUAR

Soluções variadas

As possíveis soluções para o aumento do nível do mar são específicas de cada local, e as soluções devem ser avaliadas mediante custo e efetividade em longo prazo. Construir paredões marinhos, por exemplo, é rápido, mas caro, e talvez não ofereça proteção duradoura.

138 | ADAPTANDO-SE AO AUMENTO DOS NÍVEIS MARÍTIMOS

ANTES DA TEMPESTADE

Tempestades tropicais (ver p. 76) estão se tornando mais intensas em razão da mudança climática. Sistemas de alerta podem fornecer informações prévias da trajetória provável de uma tempestade e a área provável em que ela acontecerá. De posse dessas informações, a Defesa Civil, ou mesmo as forças armadas, constroem abrigos temporários, divulgam alertas ou aconselham evacuação em massa para pessoas que moram em áreas particularmente vulneráveis. No entanto, o mais comum é instruir as pessoas a ficar em casa e esperar a tempestade passar.

RECONHECIMENTO

OBSERVAÇÃO

PREVISÃO

RESPOSTA

Alerta de temporal
Ferramentas de reconhecimento, como radares e satélites, monitoram tempestades em formação. Em seguida, os dados são inseridos em sistemas específicos de computador para decidir as melhores medidas emergenciais.

PREPARANDO-SE PARA AS TEMPESTADES TROPICAIS | 139

COMBATE ÀS CHAMAS

A mudança climática e o aumento das temperaturas podem aumentar a quantidade e a intensidade de incêndios pelo mundo (ver p. 84). Muitas vezes os incêndios se alastram depressa e podem ser difíceis de controlar ou conter. Entre as estratégias-chave para evitar o impacto de incêndios estão: criar e manter barreiras anti-incêndio, gerenciar áreas onde existe concentração natural de vegetação seca que pode começar um incêndio, e estabelecer um sistema de alerta para avistar sinais de fogo e avisar os bombeiros.

SEGURANÇA CONTRA FOGO

Incêndios podem ter causas naturais, como relâmpagos, mas alguns são causados por atividade humana. Programas de conscientização pública sobre segurança contra incêndios são essenciais.

"Hoje em dia é o clima quem comanda a parte quente do show."
— Park Williams

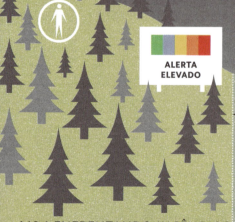

ALERTA ELEVADO

CONTENÇÃO DE INCÊNDIOS

Um aceiro é uma área livre de combustíveis e vegetação, ou em que há uma quebra natural de vegetação. Aceiros ajudam a parar o alastramento rápido de incêndios.

140 | ENFRENTANDO INCÊNDIOS

SUPORTE AÉREO
Milhares de litros de água ou retardantes de chamas podem ser lançados em uma floresta flamejante para controlar o incêndio.

Apagando um incêndio
Técnicas de combate a incêndios têm como foco privar o fogo de ao menos um elemento do triângulo do incêndio – combustível, calor e oxigênio.

ENFRENTANDO INCÊNDIOS | 141

MUDA

MESS

PESS

NÇA
CALA A
OAL

Atividades individuais cotidianas aumentam os impactos em escala mundial. Em países mais ricos, a pegada média de carbono muitas vezes é maior que em regiões mais pobres do mundo. Seja nos meios de transporte ou na alimentação, fazer escolhas mais ecológicas pode reduzir de forma considerável nossa pegada de carbono. Além de formas variadas de ativismo climático, mudanças pessoais podem modificar as negociações sobre o clima. Isso pode incentivar outras pessoas a fazer a diferença, pressionando governos e empresas a implementar as mudanças necessárias em larga escala (ver p. 114-141).

MUDANÇAS DO ZERO

Popular no ambientalismo dos anos 1970, a frase "Pense globalmente, aja localmente" foi recentemente readotada para indicar a importância de pôr em prática do zero estratégias relacionadas à mudança climática em comunidades locais. A atitude é vista como forma de iniciar mudanças significativas e pressionar o alto escalão. Nessa abordagem as cidades são consideradas de suma importância, muitas delas iniciando esquemas ou definindo suas próprias metas de redução de carbono. A maior aliança global da mudança climática, o Pacto Global de Prefeitos (GCoM, na sigla em inglês), presenciou o comprometimento de mais de dez mil cidades e administrações locais em reduzir as emissões até 2030.

INICIATIVAS URBANAS

FAZENDO PRESSÃO
A união de pessoas em comunidades locais pode pressionar os administradores das cidades a tomar atitudes sérias sobre a mudança climática.

ATIVISMO INDIVIDUAL

AÇÃO COMUNITÁRIA

FORMANDO UMA REDE GLOBAL

A cooperação de iniciativas urbanas é necessária para cumprir metas globais.

PACTO GLOBAL

Colaboração internacional
Ações coletivas podem gerar resultados globais reais; grupos GCoM representando 800 milhões de pessoas em 138 países prometeram reduzir suas emissões.

> "Embora a magnitude da mudança climática possa fazer as pessoas se sentirem impotentes, a ação individual é crucial para mudanças significativas."
> Mia Armstrong

OUÇAM NOSSA VOZ

Impulsionado por predições cada vez mais gritantes, uma notável falta de progresso e o aumento do engajamento entre jovens (ver p. 149), o ativismo climático vem crescendo em escala e intensidade. Alguns ativistas tiveram ação direta de destaque, incluindo ocupações de prédios, pontes e plataformas de petróleo. A maioria se envolveu em greves, protestos e manifestações, muitas vezes coordenados e publicados em mídias sociais. Durante as mobilizações climáticas globais em 2019, por exemplo, ocorreram mais de seis mil eventos e protestos organizados.

É hora de mudar
Protestos climáticos dão voz a cidadãos preocupados, unidos pela visão de um mundo melhor. Essas manifestações podem incentivar conversas, promover entendimento e ajudar a pressionar politicamente instituições e governos.

DESOBEDIÊNCIA CIVIL

MOVIMENTOS POPULARES

AÇÃO INDIVIDUAL

146 | ATIVISMO CLIMÁTICO

"O CLIMA ESTÁ MUDANDO! TAMBÉM PRECISAMOS MUDAR!"

As mobilizações climáticas de setembro de 2019 foram as maiores registradas, com quatro milhões de pessoas participando no mundo todo.

PRESERVAÇÃO

"NÃO PODEMOS COMER DINHEIRO! NÃO PODEMOS BEBER ÓLEO!"

NÃO INVESTIR EM COMBUSTÍVEIS FÓSSEIS

REFORMA EDUCACIONAL

"MARCHE AGORA OU NADE DEPOIS!"

ATIVISMO CLIMÁTICO | 147

Falando umas verdades aos poderosos
A economia voltada à exploração de recursos naturais, brutalidade policial e corrupção institucionalizada contribuem com a violência contra ativistas.

"Não posso ficar em silêncio diante de tudo o que está acontecendo com meu povo."
Jakeline Romero Epiayu

LUTA PELA VIDA

O tipo mais perigoso de ativismo climático geralmente é o da linha de frente, em que os participantes lutam para proteger os direitos e o bem-estar de comunidades locais. Ativistas da linha de frente costumam protestar contra o desmatamento ilegal, a apropriação de terras e a poluição. O desafio que certos ativistas impõem aos interesses de grandes empresas e do governo pode fazê-los enfrentar a prisão, intimidações, violência ou até a morte.

PAREM DE QUEIMAR NOSSO FUTURO

Em 2018, após o verão mais quente da Suécia em 262 anos, a ativista sueca Greta Thunberg, de 15 anos, começou uma greve na escola. Sua promessa de uma greve semanal até a Suécia reduzir emissões de carbono alinhadas com o Acordo de Paris catapultou um movimento global. Greves escolares e protestos imensos no ano seguinte revelaram uma rede inflamada de estudantes e crianças no mundo todo comprometidas com abordar a questão da mudança climática. Em 2020, no entanto, a campanha passou a ser digital devido às restrições da pandemia do coronavírus.

Uma aula para o mundo
Os jovens ativistas da mudança climática sempre destacam que são eles que herdarão um planeta danificado. Eles exigem justiça climática, abordagens baseadas na ciência e limitação de emissões.

TRAJETÓRIA SEGURA ABAIXO DE 1,5°C

UNIÃO POR TRÁS DA CIÊNCIA

JUSTIÇA CLIMÁTICA PARA TODOS

SEGUIR O ACORDO DE PARIS

TUDO JUNTO E MISTURADO

Na luta contra a crise climática, é necessário esforço coletivo e mundial. Assim como os impactos mais devastadores da mudança climática não conhecem fronteiras nacionais, também cientistas, políticos, empresas e agentes de mudanças precisam ultrapassar divisões nacionais e políticas. Parcerias reais, acordos e colaboração precisam ser feitos entre todas as partes, de indivíduos a governos, de economias de renda mais baixa a economias de renda maior, e de grupos empresariais a grupos ambientais.

SEU VOTO
Para quem vive em uma democracia, votar em representantes que tenham políticas que favoreçam o meio ambiente pode fazer diferença.

SUA VOZ
Se é para abordar a mudança climática, falar em alto e bom som e despertar a conscientização é uma parte fundamental de ações significativas.

150 | MUDANÇA COLETIVA

> "Dessa crise pode surgir uma reconsideração coletiva de prioridades. Como viver de forma sustentável num planeta finito, com espaço, comida e água finitos."
> Michael E. Mann

Como entrar em ação
A mudança coletiva só é possível quando pessoas, em massa, usam as ferramentas de que dispõem para despertar a conscientização sobre a crise climática e combatê-la diariamente.

SEU TEMPO
Pouca gente consegue combater a mudança climática todos os dias e o dia todo. Mas todas as pessoas podem disponibilizar todo o tempo possível para tomar uma atitude.

SEU DINHEIRO
Seu dinheiro, o que você compra e onde gasta com frequência diz muito sobre sua comunidade e o que ela valoriza.

MUDANÇA COLETIVA | 151

TRAJETOS ATIVOS

Substituir alguns trajetos de carro por maneiras ativas de deslocamento, como caminhada e bicicleta, é bom para o ambiente e também traz benefícios à saúde física.

Pequena mudança, grande diferença

Estudos revelaram que mesmo mudanças pequenas, como pelo menos uma vez ao dia fazer de bicicleta um percurso que faria de carro, pode ter um efeito cumulativo importante na redução da pegada de carbono de uma pessoa. Andar de bicicleta também tem melhor custo-benefício do que dirigir.

MUDANÇA DE MENTALIDADE

Carros particulares se tornaram o meio de transporte dominante e viajar de avião passou a ser normal para muitos. É preciso repensar e remodelar essas relações, como caminhar mais e andar de bicicleta no dia a dia, além de evitar viajar de avião. No entanto, a infraestrutura também precisa mudar para apoiar tanto as novas tecnologias quanto o transporte público (ver p. 155). Muitas mudanças já estão a caminho, como os carros elétricos (ver p. 154), que vem sendo adquiridos em quantidades recordes. Dessa forma, aos poucos, vários países começam a eliminar veículos convencionais.

152 | MUDANDO A MANEIRA COMO NOS DESLOCAMOS

REDUZIR RESÍDUOS

Alguns passos simples podem ser dados para reduzir os resíduos relacionados a alimentos, como comprar e consumir só o necessário, congelar comida fresca para comer depois e comprar alimentos com o mínimo de embalagens.

ECOMIDAS

PLANTAR OS PRÓPRIOS ALIMENTOS

REDUZIR RESÍDUOS ALIMENTARES

ABASTECIMENTO RESPONSÁVEL

REDUZIR EMBALAGENS

REDUZIR O CONSUMO DE CARNE

TER UMA DIETA MAIS VARIADA

COMER ALIMENTOS DA ESTAÇÃO

OPTAR POR SUSTENTÁVEIS

Deixar as refeições mais ecológicas pode melhorar a saúde das pessoas e do planeta. Trocar carne vermelha por proteínas à base de plantas, como grãos, nozes e tofu, pode reduzir as emissões a uma centena. Os leites vegetais (como de aveia e nozes) podem ser três vezes mais ecológicos que o de vaca. Comprar a produção local pode ser crucial, mas o transporte só representa uma pequena parte de nossa pegada de carbono. Portanto, o que comemos é mais importante do que a procedência dos alimentos.

COMER MENOS CARNE

A produção de carne e laticínios usa muita terra e água. Criar gado também gera emissões de gases poluentes. Reduzir a demanda por carne e laticínios causará um grande impacto sobre o clima.

DIVERSIDADE RESPONSÁVEL

Quase 75% do suprimento alimentar do mundo (ver p. 48-49) provém de doze espécies de plantas e cinco espécies de animais. Isso ameaça não apenas o ambiente, mas também a segurança alimentar (ver p. 112).

DIETAS SUSTENTÁVEIS | 153

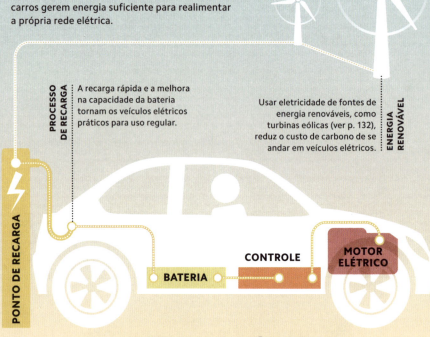

Transporte mais limpo
Sistemas sofisticados de controle permitem que alguns carros convertam energia cinética em energia elétrica armazenada, como ao frear. Este tipo de inovação fará com que em breve esses carros gerem energia suficiente para realimentar a própria rede elétrica.

PROCESSO DE RECARGA — A recarga rápida e a melhora na capacidade da bateria tornam os veículos elétricos práticos para uso regular.

ENERGIA RENOVÁVEL — Usar eletricidade de fontes de energia renováveis, como turbinas eólicas (ver p. 132), reduz o custo de carbono de se andar em veículos elétricos.

PONTO DE RECARGA

BATERIA

CONTROLE

MOTOR ELÉTRICO

VOLANTE ELÉTRICO

Comparados com toda a poluição gerada por um carro com motor de combustão interna durante um período convencional de uso, veículos elétricos podem produzir centenas de vezes menos resíduos e um terço dos gases poluentes. Além disso, assim como as redes elétricas vão se tornando mais ecológicas, os carros também vão. A tecnologia das baterias se aprimora a cada ano, permitindo que os carros cubram trechos mais longos por recarga e reduzindo os tempos de recarga. Esses carros não tem escapamento, ou seja, não contribuem com a poluição do ar nas cidades.

VIAGENS COLETIVAS

Nem todas as mudanças limpas relacionadas ao transporte precisam ser altamente tecnológicas. Transportes públicos, como ônibus ou metrô, podem produzir só um sexto das emissões por passageiro de um trajeto similar feito de carro. E os benefícios podem ser ainda mais pronunciados para viagens longas de ônibus e trem. Aliar essas opções de viagens compartilhadas a novas tecnologias – por exemplo, ônibus elétricos – pode reduzir ainda mais as emissões, ao mesmo tempo que deixam as ruas mais limpas e silenciosas.

UM ÔNIBUS TIRA TRINTA CARROS DAS RUAS

Tomando o ônibus
Sistemas de transporte público não somente diminuem o congestionamento urbano e reduzem emissões; estudos revelam que eles podem ter um impacto econômico "verde" positivo para as cidades e ajudar a criar melhor qualidade de vida.

⌐ Cada dólar investido em transportes públicos poderia gerar cinco dólares em retorno econômico. ⌐

TRANSPORTE PÚBLICO | 155

ÍNDICE

Números de páginas em **bold** se referem às menções principais.

A

acidificação, oceano 102, **103**
acordos climáticos **116**
Acordo Climático de Paris 27, 34, 70, 116
alimentos à base de plantas 153
ação comunitária 144
agricultura
  avanços em 39
  e estações irregulares 74
  fertilizantes e pesticidas 50-51
  pegada de carbono 33
  seca 85, 107
  técnicas intensivas de cultivo **48-49**
  uso do solo 47, 52, 87
  vulnerabilidade das plantações 111, 112
água
  chuva ácida **77**
  congelada 90
  consumo 57
  contaminação por inundações **113**
  escassez 85
  escassez de água potável 113, 124
  e resíduos alimentares 56
  gerenciamento de tecnologia 124, 125
  poluição agrícola 50
  segurança em relação a água potável 107
água da chuva, uso de 127
água potável
  em camadas de gelo 90
  em geleiras 113
  escassez **113**
  segurança 107, 124
algas 104

algodão 57, 66
alimentos à base de plantas 153
animais
  ameaça de extinção **86**
  e doenças infecciosas 110
  e estações irregulares 74
  e oceanos morrendo 102
  e ondas de calor marinhas 101
  e poluição luminosa 78, 79
  espécies invasivas **54-55**
  perda de hábitats 87
  reintrodução de espécies 137
  vínculo com o ambiente físico 72
Antártida 83, **89**, 90, 98
buraco na camada de ozônio, 81
cilindros de gelo 23
correntes oceânicas 18, 100
aquacultura 53
aquecimento global
  acordos sobre o limite 116
  ciclos de feedback 21
  clima através dos tempos 14
  e atividade humana 32
  áreas litorâneas
  futuras costas **98-99**
  vulnerabilidade de 138
Ártico
  gelo marinho derretendo 21, 70, **91**
  plataforma de gelo derretendo 83, 92
  região que aquece mais rápido 21, 91
árvores
  ciclo de carbono 30
  plantação **136**, 137

aterro sanitário 66, 67
ativismo, 143, **146-47**
ameaça a ativistas 148
movimentos juvenis 149
atmosfera
  camadas de **17**
  capacidade de absorver calor excessivo 100
  ciclo de carbono 30
  coleta de dados 22, 23
  destruição da camada de ozônio **81**
  efeito estufa **12**
  impacto da indústria 40-41
  mensuração do dióxido de carbono na **31**
  modelos climáticos 24-25
  mudanças na circulação 75
  sistema climático 16
  aviação 33, **63**

B

Bacia Amazônica 99
Bangladesh **99**
biocombustíveis 124, 125
biodegradabilidade 66, 67
biodiversidade
  limite planetário 121
  redução na 48, 49, 51, 52, 54, **86**
biomagnificação 51
biomassa 136
biosfera 16, 30, 72, 120

C

cadeias alimentares 77, 102, 105
pesticidas 51
caminhar 62, 152
captura e armazenamento de carbono **119**
carbono 27
carne
  pegada de carbono 33
  reduzir/substituir 11, 153
carrapatos 110
carros *ver* ao volante
chuva ácida 77

156 | ÍNDICE

ciclo de carbono 16, **30**, 136
natureza sazonal do 31
ciclismo 62, 152
ciclones 76
ciclo da água 69, 113
ciclos de feedback **21**, 72, 91,
   93
cidades
   iniciativas 144, 145
   risco de inundação 98
cilindros de gelo **23**, 31
cinturão termossalínico 19
clima
   através do tempo **14**
   ciclos naturais 15, 71
   coleta de dados **22**
   × condições climáticas
      10-11
   modelos **24-25**, 32
   mudanças causadas por
      seres humanos **71**
   pontos críticos 20
   sistema **16**
clorofluorcarbonos (CFCs) 81
combustíveis fósseis **28-29**,
   30
   alternativas a 124, 128
   queima de 12, 28, 41, 49,
      60-61, 71, 77
comida
   dietas sustentáveis 153
   efeitos da produção **48-49**,
      57
   má-nutrição 111
   pegada de carbono 33
   pegada de carbono 33
   recursos 47
   redução de 152
   segurança 85, 86, 107, 112,
      153
condensação 76
consumo, aumento 59
cooperação internacional
   115
corais/recifes de corais 35,
   95, 97, 103
   embranquecimento de 20,
      104
correntes, oceano **18-19**, 20,
   32, 100

Corrente do Golfo 18
crescimento urbano 41, 43
criosfera 16

D

dados meteorológicos 22
demografia, mudança 42
desastres naturais 109
desertificação 32, 83, **85**, 113
design ecológico 122
desigualdade
   alimentar 47
   climática 33, 107, **108**
   expectativa de vida 44, 45
   justiça climática 117
desigualdade climática **108**
desmatamento 36, 52, 87,
   136
dessalinização 124
destilação, óleo 28-29
dietas
   má nutrição **111**
   sustentáveis **153**
   ver também comida
dióxido de carbono
   absorvido pelos oceanos
      103
   em plataformas de gelo 92,
      93
   gases poluentes **13**
   limite planetário 121
   medindo o atmosférico **31**
   ver também emissões
dióxido sulfúrico 77
diques **133**, 135
dirigir 33, **62**
doenças, propagação de **110**
doenças infecciosas **110**

E

economias
   circular **122-23**
   desenvolvimento
      econômico 59
   separar emissões e
      crescimento econômico
      118
economia linear 122

economias circulares **122-23**
ecossistemas
   água potável 77
   corais **104**
   diminuindo 86, 87
   e estações irregulares 74
   equilíbrio 54
   estuarinos 135
   impacto da atividade
      humana 72
   limites planetários 120
   marinhos 101, **102**, 105
   recuperação da natureza
      137
   saúde dos 73
educação, mudança
   climática 150
efeito estufa **12**, 71, 75, 93,
   96, 100
eficiência material 126
eletricidade
   de fontes renováveis 37,
      115, 128, 129, 131-35,
      154
   descarbonização 36
   geração 28, 61, 119, 130
El Niño Oscilação do Sul
   (ENSO), 14, 15
embalagens 153
emissões
   e crescimento econômico
      118
   incêndios 84
   industriais **64-65**
   líquidas zero 34, 36, 37, 115
   média global por pessoa 59
   modelo climático 24
   queima de combustíveis
      fósseis 28, 60-61
   recorde de históricas 23
   reduzidas pela captura de
      carbono 119
   reduzidas pela eficiência
      energética **126-27**
   transporte 62-63
empresas
   mudança coletiva 150
   pressionando 143
empresas 150
energia das ondas **134**

ÍNDICE I 157

energia de marés **135**
energia de queima de carvão 28, 36, 37, 41, **60-61**, 77, 80, 128
energia eólica 37, 125, **132**
energia geotérmica **131**
energia nuclear **130**
energia renovável 36, 37, 115, 125, **128**
energia solar 37, 125, **129**
energia térmica 12, 100
envelhecimento da população 42
eras do gelo 9, 23
erosão do solo/degradação 48, 52, 85, 136
erupções vulcânicas 23
espécies ameaçadas de extinção 54
espécies invasivas **54-55**
estações de energia 28
estações irregulares **74**
estoques de peixes **53**, 102
estratégias climáticas, locais **144-45**
estratosfera 17, 81
estrutura dos Limites Planetários **120-21**
eutroficação 50
evaporação 69, 75, 84
exosfera 17
expansão térmica 96
expectativa de vida 39, 42, **44-45**
explosões nucleares 23
extinção 54, **86**, 102

F

fast fashion 59, **66**
feedback negativo 21
fertilizantes 48, 49, **50**
fibras sintéticas 66
finanças, soluções climáticas 115, 117
fissão atômica **130**
fitoplâncton 101
florestas 20, 36, 52, 54, 71, 87, 99, 136
ver também incêndios

florestas tropicais 20, 99
fogos, combatendo **140-41**
fósforo 50, 120
fotossíntese 136
furacões 76

G

gado
consumo de água 57, 153
criação intensiva 48, 49, 153
ver também carne
gás, natural 28, 37
gases poluentes 12, **13**, 15, 17, 27, 56, 66, 67, 71, 92
ver também dióxido de carbono; emissões; metano; óxido nitroso
geleiras
água potável em 113
recuando 83, **88**, 89
geleira Thwaites 89
gelo, derretimento de 20, 21, 32, 88-90, 91, 96
Golfo do Alasca 101
governos
mudança coletiva 150
pressionar 143
governo local 144
greves escolares 149
Groenlândia 83, **88**, 90, 98

H

hábitat
perda 52, 83, 86, **87**, 102, 104, 133, 135
recuperação 137
hidreletricidade **133**
hidrogênio 64, 103
hidrosfera 16
Holanda 99

I

ilhas, afundamento 97
ilhas de corais 97
iluminação LED 127
impacto humano 11, 23, 30,

32, 71, 72, 75, 140
incêndios 35, 83, **84**, **140-41**
incineração 66, 67
indústria pesada **64-65**, 119
indústria têxtil 66
inovações tecnológicas 115, 119
insetos, mordidas 110
inundação 35, 75, 76, 98, 99, 113
íons carbonados 103
isolamento 126

J

justiça climática **117**, 149

K

Keeling, Charles/Curva de Keeling 31
Kiribati 97

L

laticínios, reduzir/substituir 153
lares, eficiência energética 36, 127
lençol freático 113
lençóis de gelo 20, 24, 83, 88-90
litosfera 16

M

Maldivas 97
má-nutrição **111**
marégrafos 96
megacidades **43**
mesosfera 17
metano 13, 21, 56, 83, 133
em plataformas de gelo 93
metas, futuras **36-37**
micróbios 92, 93
migrantes, clima **109**
migrantes climáticos **109**
moluscos 103
monoculturas 48, 49
mosquitos 110

158 I ÍNDICE

motor de combustão interna 41, 154
movimentos juvenis **149**
mudança coletiva **150-51**

N

nações, desigualdade climática 33, 107, **108**
neutralização de carbono 36
nitrogênio 50, 120
níveis de pH 103
níveis do mar, aumento 83, 88-90, 95, **96**, 116, **138**
impacto dos **97**, 98-99, 108, 109, 113
novos riscos 121

O

Oceano Pacífico 15
oceanos
absorvem dióxido de carbono 95, 103
absorvem energia térmica 96, 199
acidificação 102, **103**
aquecimento 20, 21, 76, 88, **100**, 101, 102
coleta de dados 22
correntes **18-19**, 20, 32, 88, 100
embranquecimento de corais **104**
energia das ondas **134**
energia de marés **135**
modelos climáticos 25
morrendo **102**
ondas de calor marinhas **101**
pesca excessiva **53**
poluição plástica **105**
óleo 28-29
vazamentos 101
ondas de calor 75, 108, 109
marinhas **101**
ondas de calor marinhas **101**
orçamento de carbono **34**, 63
óxidos de nitrogênio 77

óxido nitroso 13, 50
oxigênio 136
ozônio 13, 17, 69
destruição da camada de ozônio **81**

P

Pacto Global de Prefeitos (GCoM) 144, 145
Painel Intergovernamental sobre Mudanças Climáticas (IPCC) 102, 112
pandemia do coronavírus 63
parcerias 150
partículas ínfimas 63
pegadas de água 57
pegada de carbono **33**, 37, 42, 44, 56, 63, 143, 152
Pense Globalmente, Aja Localmente **144-45**
perda de gelo, perda do Ártico **91**
pesca excessiva **53**, 102
pessoas acima do peso 111
pesticidas 48, 49, **51**, 66
plantas
ciclo do carbono 30
e renovação do ecossistema 137
estações irregulares 74
extinção 86
fertilizantes e pesticidas 50-51
perda de hábitats 87
vínculo com o ambiente físico 72
plásticos
poluição 95, **105**
uso único 67
plataformas de gelo, derretimento 21, 83, **92-93**
pobreza 47
polinização 74
política 70, 107, 146, 150
poluição
agrícola 48, 49, 50
atmosférica 69
dano ao ecossistema 137

do ar 41, 77, **80**, 154
dos resíduos 67
e aumento do consumo 59
energia da queima de carvão 60-61
luminosa **78-79**
megacidades 43
plástica 95, 105
transportes 62, 63
poluição do ar 41, 77, **80**, 154
poluição luminosa **78-79**
pontos críticos **20**
população
aumento do nível do mar e 97, 98-99
em crescimento 39, 118
migrantes climáticos **19**
mudanças **42**
Prata, Rio da 99
precipitações 15, 22
chuva ácida 77
mais intensas 75, 76
modelos climáticos 24, 25
reduzidas/alteradas 75, 83, 84, 85, 111, 112
processo Haber-Bosch 50
produção de aço 64
produção de cimento 64
produção industrial 37, **64-65**
proliferação de algas 50
protestos climáticos 146, 147, 149

R

radiação ultravioleta 17, 81
reciclagem 66, 67, 122-23, 124, 125
recursos naturais
economias circulares 122-23
exploração 86, 148
tensão em 44
reforma a vapor do metano 64
represas, maré 135
reservatórios de carbono 30, 36, 52, 136
resíduos **67**

ÍNDICE I 159

alimentares 37, 47, **56**, 153
limitando 122, 123
megacidades 43
plásticos 105
radioativos 130
resíduos radioativos 130
ressacas 76, 98
Revolução Industrial 14, 23, 28, 40-41, 52, 60, 70, 71
rios 113
roupas 66

S

satélites 22
saúde
  má-nutrição **111**
  melhorias na 39, 44
  poluição do ar 80
  saúde climática **72-73**
  seca 15, 75, 83, **85**, 107, 113
sistema fabril 40-41
sistemas AVAC 126, 127
Sistemas da Terra 121
sistemas fotovoltaicos 129
sol
  energia do 12, 129
  radiação solar 92
  radiação UV 81
sono, alterado 78
sustentabilidade 123

T

taxa de nascimento 42
tecnologia de bateria 154
tecnologia limpa **124-25**
temperaturas, aumento **14**, 21, 35, 75, 116
  e plataformas de gelo 92-93
  limite de dois graus **35**
  meta 34, 35
  temperatura média global **70**
tempestades tropicais 69, 76, 139
tempo
  × clima **10-11**
  eventos extremos 14, 19, 35, 71, **75-76**, 98, 108, 111, **139**
termofixos 67
termoplásticos 67
termosfera 17
terras
  agrícolas 47, 52, 87
  e resíduos alimentares 56
  liberação 48, 49, 52, 87
  reivindicação 138
terremotos 131
Thunberg, Greta 149
transporte rodoviário ver ao volante

transporte público 36, 37, 62, 152, **155**
tratamento de águas residuais 124, 125
troca de energia 16
  modelos 24-25
troposfera 17

U

urânio 130

V

vapor de água 10, 13
veículos movidos a gasolina 80
veículos elétricos 36, 124, 152, **154**, 155
ventilação 126, 127
ventos 10, 15, 134
  modelo climático 24
  velocidades 76
viagem de ônibus 155
viagem de trem 155
viagem, mudanças 124, 125, **152**, 154-55
  ver também andar de carro; andar de avião
voos **63**
  resíduos 37, **56**, 153

AGRADECIMENTOS

A DK gostaria de agradecer às seguintes pessoas pela ajuda neste livro: Joy Evatt, pela revisão; Helen Peters, pelo índice; Suhita Dharamjit, designer sênior de capa; Harish Aggarwal, designer sênior de diagramação; Priyanka Sharma, coordenadora editorial; Saloni Singh, gerente-editorial.

Fontes das referências
18-19: United States Geological Survey/Pesquisa Geológica dos Estados Unidos; **31:** programa Scripps CO2 (https://scrippsco2.ucsd.edu/data/atmospheric_co2/primary_mlo_co2_record.html); **42:** Departamento de Assuntos Econômicos e Sociais da ONU, Divisão de Populações (2017). Perspectivas da População Mundial 2017 – Livreto de Dados; **66:** Fundação Ellen MacArthur A NEW TEXTILES ECONOMY; **88:** NASA; **89:** NASA, Centro Nacional de Dados sobre Gelo e Neve; **96:** NASA; **121:** J. Lokrantz–Azote, com base em Steffen et. al. 2015; **155:** Associação Europeia dos Fabricantes de Automóveis (ACEA) https://www.acea.be/automobile-industry/buses).

Todas as imagens © Dorling Kindersley
Para mais informações, consulte: www.dkimages.com